职业教育建筑类专业系列教材

钢筋翻样与加工

主　编　郭正恩
副主编　郭凤妍　段慧强
参　编　冯佳鑫　王峥峥　刘雅萍　卜洁莹

机械工业出版社

本书紧密结合实际,从平法基础知识、钢筋排布规则到钢筋翻样实例一步步引导学生掌握钢筋翻样的基本知识。本书共8章,第1章主要介绍平法识图及钢筋翻样基础知识;第2~7章主要介绍基础、柱、剪力墙、框架梁、有梁楼盖和楼梯的钢筋翻样;第8章介绍钢筋加工、绑扎及质量验收的相关知识点。

本书可以作为职业院校土建类专业教材,也可作为相关企业建筑工程技术人员参考用书。

为方便教学,本书配有PPT电子课件。凡选用本书作为授课教材的教师均可登录www.cmpedu.com,以教师身份免费注册下载,或加入机工社职教建筑QQ群221010660免费获取。如有疑问,请拨打编辑咨询电话010-88379934。

图书在版编目(CIP)数据

钢筋翻样与加工/郭正恩主编 .—北京:机械工业出版社,2019.6
(2025.1重印)
　　职业教育建筑类专业系列教材
　　ISBN 978-7-111-63122-4

Ⅰ.①钢⋯　Ⅱ.①郭⋯　Ⅲ.①建筑工程-钢筋-工程施工-高等职业教育-教材　Ⅳ.①TU755.3

中国版本图书馆CIP数据核字(2019)第133887号

机械工业出版社(北京市百万庄大街22号　邮政编码100037)
策划编辑:王莹莹　责任编辑:王莹莹　陈紫青
责任校对:王明欣　封面设计:马精明
责任印制:常天培
固安县铭成印刷有限公司印刷
2025年1月第1版第8次印刷
184mm×260mm・9印张・222千字
标准书号:ISBN 978-7-111-63122-4
定价:28.00元

电话服务	网络服务
客服电话:010-88361066	机 工 官 网:www.cmpbook.com
010-88379833	机 工 官 博:weibo.com/cmp1952
010-68326294	金 　书 　网:www.golden-book.com
封底无防伪标均为盗版	机工教育服务网:www.cmpedu.com

前　言

　　本书是按照职业教育土建类专业的教学要求，以国家现行建设工程标准、规范、规程为依据，结合国家职业标准和行业职业技能标准要求，总结各位编者多年的教学、工作经验编写完成的。

　　本书结合16G101和18G901图集中的重要知识点，既讲述了平法的基础知识和钢筋的排布规则，又介绍了钢筋翻样的具体计算公式及详细的例题解析，目的是使读者在掌握平法识图的技能，看懂并理解重要构造及节点的前提下，读懂每根钢筋的计算方法。另外，在例题解答中增加了钢筋翻样表，可使读者对构件的每一个细节都一目了然。

　　本书由郑州商业技师学院郭正恩担任主编，郑州商业技师学院郭凤妍和浙江省三建建设集团有限公司段慧强担任副主编，郑州商业技师学院冯佳鑫、王峥峥、刘雅萍和辽宁城市建设职业技术学院卜洁莹参与编写。

　　本书在编写的过程中，参阅和借鉴了最新规范和部分参考文献。编者虽尽心尽力，但书中仍难免存在不足之处，欢迎广大读者批评指正。

编　者

目 录

前言
第1章 基础知识 ………………………… 1
1.1 平法识图 …………………………… 1
1.2 钢筋翻样基础知识 ………………… 3
本章练习题 ………………………………… 12
第2章 基础钢筋翻样 …………………… 13
2.1 独立基础钢筋翻样 ………………… 14
2.2 条形基础钢筋翻样 ………………… 25
本章练习题 ………………………………… 33
第3章 柱钢筋翻样 ……………………… 34
3.1 柱平法识图 ………………………… 34
3.2 底层柱纵筋翻样 …………………… 39
3.3 中间层柱纵筋翻样 ………………… 42
3.4 顶层柱纵筋翻样 …………………… 44
3.5 柱箍筋翻样 ………………………… 48
3.6 柱钢筋翻样实例 …………………… 51
本章练习题 ………………………………… 56
第4章 剪力墙钢筋翻样 ………………… 57
4.1 剪力墙平法识图 …………………… 57
4.2 剪力墙钢筋排布规则 ……………… 63
4.3 剪力墙钢筋翻样实例 ……………… 73
本章练习题 ………………………………… 74
第5章 框架梁钢筋翻样 ………………… 76
5.1 楼层框架梁钢筋翻样 ……………… 76
5.2 屋面框架梁钢筋翻样 ……………… 87
本章练习题 ………………………………… 93
第6章 有梁楼盖钢筋翻样 ……………… 95
6.1 有梁楼盖平法识图 ………………… 95
6.2 有梁楼盖钢筋排布规则 …………… 100
6.3 有梁楼盖钢筋翻样实例 …………… 104
本章练习题 ………………………………… 108
第7章 楼梯钢筋翻样 …………………… 110
7.1 AT 型楼梯钢筋翻样 ………………… 110
7.2 ATa、ATb、ATc 型楼梯钢筋翻样 … 116
本章练习题 ………………………………… 123
第8章 钢筋加工、绑扎及质量验收 …… 125
8.1 钢筋加工 …………………………… 125
8.2 钢筋绑扎 …………………………… 130
8.3 质量验收 …………………………… 133
本章练习题 ………………………………… 139
参考文献 …………………………………… 140

第1章 基础知识

本章知识体系（图 1-1）

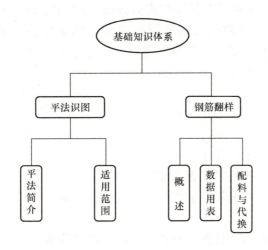

图 1-1 基础知识体系

本章学习目标

1. 了解平法的适用范围，了解钢筋代换相关知识。
2. 熟悉钢筋翻样相关数据用表及钢筋配料的相关内容。

1.1 平法识图

1.1.1 平法简介

一、平法的概念

平法，即建筑结构施工图平面整体表示方法，是将结构构件的尺寸和配筋等，按照平面整体表示方法的制图规则，整体表达在结构平面布置图上，再与标准构造详图配合，构成一套新型完整的结构设计。平法改变了将构件从结构平面设计图中索引出来，再逐个绘制模板详图和配筋详图的传统办法。采用平法进行结构设计，选择与施工顺序完全一致的结构布置图，将该平面的所有构件一次表达清楚，使结构设计更方便，表达更准确、全面，且数值唯一，既提高了设计效率，又有利于进行施工质量检查。平法通过几十年的发展，现已成为我国结构设计、施工领域普遍采用的主导技术之一。

二、平法的发展

G101 系列平法图集现行的为《混凝土结构施工图平面整体表示方法制图规则和构造详图（现浇混凝土框架、剪力墙、梁、板）》（16G101—1）、《混凝土结构施工图平面整体表示方法制图规则和构造详图（现浇混凝土板式楼梯）》（16G101—2）和《混凝土结构施工图平面整体表示方法制图规则和构造详图（独立基础、条形基础、筏形基础、桩基础）》（16G101—3）。为了解决施工中的钢筋翻样计算和现场安装绑扎，从而实现设计构造与施工建造的有机结合，还出版了与 G101 系列配套使用的 G901 系列国家建筑标准设计图集，现行的为《混凝土结构施工钢筋排布规则与构造详图（现浇混凝土框架、剪力墙、梁、板）》（18G901—1）、《混凝土结构施工钢筋排布规则与构造详图（现浇混凝土板式楼梯）》（18G901—2）、《混凝土结构施工钢筋排布规则与构造详图（独立基础、条形基础、筏形基础、桩基础）》（18G901—3）。

三、平法的科学性

1. 简单

① 表达数字化、符号化。
② 单张图纸的信息量大且集中。
③ 构件分类明确，层次清晰，表达准确。
④ 平法使设计者易掌握全局、易调整、易修改、易审校、易控制设计质量。

2. 易操作

① 平法采用标准化的构造详图，形象、直观，施工易懂、易操作。
② 标准构造详图分类归纳后，编制成国家建筑标准设计图集供设计选用，可避免构造做法反复抄袭及伴生的设计失误，保证节点构造在设计与施工两个方面均达到高质量标准。

3. 低能耗

① 平法大幅度降低设计成本，降低设计消耗。
② 平法施工图是有序化、定量化的设计图纸，与其配套使用的标准设计图集可以重复使用。与传统方法相比，图纸量减少 70% 左右，在节约人力资源的同时，还节约了自然资源。

4. 高效率

平法大幅度提高设计效率，解放结构设计人员生产力。它的进一步推广和普及，已经使设计院的建筑设计与结构设计人员的比例明显改变。在有些设计院，后者在数量上仅为前者的 1/4～1/2，同时结构设计周期明显缩短，设计强度显著降低。

1.1.2 适用范围

16G101—1 图集适用于抗震设防烈度为 6～9 度地区的现浇混凝土框架、剪力墙、框架 - 剪力墙和部分框支剪力墙等主体结构施工图的设计，以及各类结构中的现浇混凝土板（包括有梁楼盖和无梁楼盖）、地下室结构部分现浇混凝土墙体、柱、梁、板结构施工图的设计。

16G101—2 图集适用于抗震设防烈度为 6~9 度地区的现浇钢筋混凝土板式楼梯。

16G101—3 图集适用于各种结构类型的现浇混凝土独立基础、条形基础、筏形基础（分为梁板式和平板式）及桩基础施工图设计。

1.2 钢筋翻样基础知识

1.2.1 概述

1. 钢筋翻样的基本概念

钢筋翻样是对钢筋设计图的深化，是将建筑的钢筋设计图转化为加工图的一种方法。钢筋翻样是指按照国家设计规范、施工规范和施工图设计的要求，把建筑结构图纸中不同部位钢筋的规格、尺寸、数量以及形状，与钢筋加工工艺参数结合起来，计算出每根钢筋的下料尺寸、重量，绘制出钢筋加工形状图，同时列出加工清单，为施工现场钢筋的加工制作、定位和绑扎提供依据。

2. 钢筋翻样的基本要求

（1）算量全面，精通图纸，不漏项　精通图纸的表示方法，熟悉图纸中的标准构造详图，是熟悉钢筋算量和翻样的前提。

（2）准确，即不少算、不多算、不重算　各类构件中的钢筋受力性能不同，构造要求不同，长度和根数也不相同，准确计算出各类构件中的钢筋工程量，是算量的基本任务。

（3）遵从设计，符合规范要求　钢筋翻样和算量过程要遵从设计图纸，符合国家现行规范、规程和标准的要求，以便保证结构中的钢筋用量符合要求。

3. 钢筋翻样人员的水平要求

① 具备一定的数学知识和 CAD 基础。

② 熟悉设计规范、施工规范、相关的国家标准和常用做法，并且对钢筋混凝土结构有一定的了解。

③ 具备良好的识图能力。要精通图纸，深刻领会设计意图，具有一定的空间想象能力。

④ 具备良好的布筋、排筋能力。能发现图纸上不尽合理的地方，并进行优化，保证做出来的翻样单既能方便施工，又能满足规范要求，还要尽可能节约钢筋。

⑤ 熟悉施工现场，对施工要有丰富的现场实战经验。

【小提示】在设计图纸中，钢筋配置的细节问题没有注明时，一般按构造要求处理；配料计算时，要考虑钢筋的形状和尺寸，在满足设计要求的前提下，要有利于加工；配料时，还要考虑施工需要的附加钢筋。

1.2.2 数据用表

1. 保护层厚度

根据《混凝土结构设计规范》（2015 年版）（GB 50010—2010）的规定，混凝土保护层厚度见表 1-1。

表1-1 混凝土保护层最小厚度 （单位：mm）

环境类别	板、墙、壳	梁、柱、杆
一	15	20
二 a	20	25
二 b	25	35
三 a	30	40
三 b	40	50

注：1. 混凝土保护层厚度是指最外层钢筋外边缘至混凝土表面的距离，本表数据适用于设计使用年限为50年的混凝土结构。
   2. 构件中受力筋的保护层厚度不应小于钢筋的公称直径。
   3. 设计使用年限为100年的结构，最外层钢筋的保护层厚度不应小于表中数值的1.4倍。
   4. 混凝土强度等级不大于C25时，表中保护层厚度数值应增加5mm。
   5. 钢筋混凝土基础宜设置混凝土垫层，基础中钢筋的混凝土保护层厚度应从垫层顶面算起，且不应小于40mm。

混凝土结构的环境类别见表1-2。

表1-2 混凝土结构的环境类别

环境类别	条件
一	室内干燥环境；无侵蚀性静水浸没环境
二 a	室内潮湿环境；非严寒和非寒冷地区的露天环境；非严寒和非寒冷地区与无侵蚀性的水或土壤直接接触的环境；严寒和寒冷地区的冰冻线以下与无侵蚀性的水或土壤直接接触的环境
二 b	干湿交替环境；水位频繁变动环境；严寒和寒冷地区的露天环境；严寒和寒冷地区冰冻线以上与无侵蚀性的水或土壤直接接触的环境
三 a	严寒和寒冷地区冬季水位变动区环境；受除冰盐影响环境；海风环境
三 b	盐渍土环境；受除冰盐作用环境；海岸环境
四	海水环境
五	受人为或自然的侵蚀性物质影响的环境

注：1. 室内潮湿环境是指构件表面经常处于结露或湿润状态的环境。
   2. 严寒和寒冷地区的划分应符合现行国家标准《民用建筑热工设计规范》（GB 50176）的有关规定。
   3. 海岸环境和海风环境宜根据当地情况，考虑主导风向及结构所处迎风、背风部位等因素的影响，由调查研究和工程经验确定。
   4. 受除冰盐影响环境是指受到除冰盐盐雾影响的环境；受除冰盐作用环境是指被除冰盐溶液溅射的环境以及使用除冰盐地区的洗车房、停车楼等建筑。
   5. 暴露的环境是指混凝土结构表面所处的环境。

2. 钢筋锚固长度

受拉钢筋基本锚固长度见表1-3。

表1-3 受拉钢筋基本锚固长度 l_{ab}

钢筋种类	混凝土强度等级								
	C20	C25	C30	C35	C40	C45	C50	C55	≥C60
HPB300	$39d$	$34d$	$30d$	$28d$	$25d$	$24d$	$23d$	$22d$	$21d$
HRB335、HRBF335	$38d$	$33d$	$29d$	$27d$	$25d$	$23d$	$22d$	$21d$	$21d$

（续）

钢筋种类	混凝土强度等级								
	C20	C25	C30	C35	C40	C45	C50	C55	≥C60
HRB400、HRBF400、RRB400	—	40d	35d	32d	29d	28d	27d	26d	25d
HRB500、HRBF500	—	48d	43d	39d	36d	34d	32d	31d	30d

抗震设计时受拉钢筋基本锚固长度见表1-4。

表1-4　抗震设计时受拉钢筋基本锚固长度 l_{abE}

钢筋种类		混凝土强度等级							
		C20	C25	C30	C35	C40	C45	C50	C55	≥C60
HPB300	一、二级	45d	39d	35d	32d	29d	28d	26d	25d	24d
	三级	41d	36d	32d	29d	26d	25d	24d	23d	22d
HRB335、HRBF335	一、二级	44d	38d	33d	31d	29d	26d	25d	24d	24d
	三级	40d	35d	31d	28d	26d	24d	23d	22d	22d
HRB400、HRBF400	一、二级	—	46d	40d	37d	33d	32d	31d	30d	29d
	三级	—	42d	37d	34d	30d	29d	28d	27d	26d
HRB500、HRBF500	一、二级	—	55d	49d	45d	41d	39d	37d	36d	35d
	三级	—	50d	45d	41d	38d	36d	34d	33d	32d

注：1. 四级抗震时，$l_{abE} = l_{ab}$。
　　2. 当锚固钢筋的保护层厚度不大于5d时，锚固钢筋长度范围内应设置横向构造筋，其直径不应小于d/4（d为锚固钢筋的最大直径）；对梁、柱等构件，间距不应大于5d，对板、墙等构件，间距不应大于10d，且均不应大于100mm（d为锚固钢筋的最小直径）。

受拉钢筋锚固长度见表1-5。

表1-5　受拉钢筋锚固长度 l_a　　　　　　　　　　（单位：mm）

钢筋种类	混凝土强度等级																	
	C20		C25		C30		C35		C40		C45		C50		C55		≥C60	
	d≤25	d>25	d≤25	d>25	d≤25	d>25	d≤25	d>25	d≤25	d>25	d≤25	d>25	d≤25	d>25	d≤25	d>25	d≤25	d>25
HPB300	39d	—	34d	—	30d	—	28d	—	25d	—	24d	—	23d	—	22d	—	21d	—
HRB335、HRBF335	38d	—	33d	—	29d	—	27d	—	25d	—	23d	—	22d	—	21d	—	21d	—
HRB400、HRBF400、RRB400	—	—	40d	44d	35d	39d	32d	35d	29d	32d	28d	31d	27d	30d	26d	29d	25d	28d
HRB500、HRBF500	—	—	48d	53d	43d	47d	39d	43d	36d	40d	34d	37d	32d	35d	31d	34d	30d	33d

受拉钢筋抗震锚固长度见表1-6。

3. 钢筋搭接长度

纵向受拉钢筋搭接长度见表1-7。
纵向受拉钢筋抗震搭接长度见表1-8。

表1-6 受拉钢筋抗震锚固长度 l_{aE}

(单位：mm)

钢筋种类及抗震等级		混凝土强度等级														
		C20	C25		C30		C35		C40		C45		C50		C55		≥C60
		$d≤25$	$d≤25$	$d>25$	$d≤25$	$d>25$	$d≤25$	$d>25$	$d≤25$	$d>25$	$d≤25$	$d>25$	$d≤25$	$d>25$	$d≤25$	$d>25$	$d≤25$	$d>25$
HPB300	一、二级	$45d$	$39d$	—	$35d$	—	$32d$	—	$29d$	—	$28d$	—	$26d$	—	$25d$	—	$24d$	—
	三级	$41d$	$36d$	—	$32d$	—	$29d$	—	$26d$	—	$25d$	—	$24d$	—	$23d$	—	$22d$	—
HRB335、HRBF335	一、二级	$44d$	$38d$	—	$33d$	—	$31d$	—	$29d$	—	$26d$	—	$25d$	—	$24d$	—	$24d$	—
	三级	$40d$	$35d$	—	$30d$	—	$28d$	—	$26d$	—	$24d$	—	$23d$	—	$22d$	—	$22d$	—
HRB400、HRBF400	一、二级	—	$46d$	$51d$	$40d$	$45d$	$37d$	$40d$	$33d$	$37d$	$32d$	$36d$	$31d$	$35d$	$30d$	$33d$	$39d$	$32d$
	三级	—	$42d$	$46d$	$37d$	$41d$	$34d$	$37d$	$30d$	$34d$	$29d$	$33d$	$28d$	$32d$	$27d$	$30d$	$26d$	$29d$
HRB500、HRBF500	一、二级	—	$55d$	$61d$	$49d$	$54d$	$45d$	$49d$	$41d$	$46d$	$39d$	$43d$	$37d$	$40d$	$36d$	$39d$	$35d$	$38d$
	三级	—	$50d$	$56d$	$45d$	$49d$	$41d$	$45d$	$38d$	$42d$	$36d$	$39d$	$34d$	$37d$	$33d$	$36d$	$32d$	$35d$

注：1. 当为环氧树脂涂层带肋钢筋时，表中数据尚应乘以1.25。
2. 当受力钢筋在施工过程中易受扰动时，表中数据尚应乘以1.1。
3. 当锚固长度范围内受力纵筋周边保护层厚度为$3d$、$5d$（d为锚固钢筋的直径）时，表中数据可分别乘以0.8、0.7；中间时按内插值。
4. 当纵向受拉普通钢筋锚固长度修正系数（注①～注③）多于一项时，可连乘计算。
5. 受拉钢筋的锚固长度l_a、l_{aE}计算值不应小于200mm。
6. 四级抗震时，$l_{aE}=l_a$。
7. 当锚固长度的保护层厚度不大于$5d$时，锚固钢筋长度范围内应设置横向构造筋，其直径不应小于$d/4$（d为锚固钢筋的最大直径）；对梁、柱等构件，间距不应大于$5d$，对板、墙等构件，间距不应大于$10d$，且均不应大于100mm（d为锚固钢筋的最小直径）。

表 1-7 纵向受拉钢筋搭接长度 l_l

(单位：mm)

钢筋种类及同一区段内搭接钢筋面积百分率		C20	C25		C30		C35		C40		C45		C50		C55		≥C60	
		$d≤25$	$d≤25$	$d>25$	$d≤25$	$d>25$	$d≤25$	$d>25$	$d≤25$	$d>25$	$d≤25$	$d>25$	$d≤25$	$d>25$	$d≤25$	$d>25$	$d≤25$	$d>25$
HPB300	≤25%	47d	41d	—	36d	—	34d	—	30d	—	29d	—	28d	—	26d	—	25d	—
	50%	55d	48d	—	42d	—	39d	—	35d	—	34d	—	32d	—	31d	—	29d	—
	100%	62d	54d	—	48d	—	45d	—	40d	—	38d	—	37d	—	35d	—	34d	—
HRB335、HRBF335	≤25%	46d	40d	—	35d	—	32d	—	30d	—	28d	—	26d	—	25d	—	25d	—
	50%	53d	46d	—	41d	—	38d	—	35d	—	32d	—	31d	—	29d	—	29d	—
	100%	61d	53d	—	46d	—	43d	—	40d	—	37d	—	35d	—	34d	—	34d	—
HRB400、HRBF400、RRB400	≤25%	—	48d	53d	42d	47d	38d	42d	35d	38d	34d	37d	32d	36d	31d	35d	30d	34d
	50%	—	56d	62d	49d	55d	45d	49d	41d	45d	39d	43d	38d	42d	36d	41d	35d	39d
	100%	—	64d	70d	56d	62d	51d	56d	46d	51d	45d	50d	43d	48d	42d	46d	40d	45d
HRB500、HRBF500	≤25%	—	58d	64d	52d	56d	47d	52d	43d	48d	41d	44d	38d	42d	37d	41d	36d	40d
	50%	—	67d	74d	60d	66d	55d	60d	50d	56d	48d	52d	45d	49d	43d	48d	42d	46d
	100%	—	77d	85d	69d	75d	62d	69d	58d	64d	54d	59d	51d	56d	50d	54d	48d	53d

注：1. 表中数值为纵向受拉钢筋绑扎钢筋搭接头的搭接长度。
2. 两根不同直径钢筋搭接时，表中 d 取较细钢筋直径。
3. 当为环氧树脂带涂层钢筋时，表中数据尚应乘以 1.25。
4. 当纵向受拉钢筋在施工过程中易受扰动时，表中数据尚应乘以 1.1。
5. 当搭接长度范围内纵向受力钢筋周边保护层厚度为 $3d$、$5d$（d 为搭接钢筋的直径）时，表中数据尚可分别乘以 0.8、0.7；中间时按内插值。
6. 当上述修正系数（注③～注⑤）多于一项时，可按连乘计算。
7. 任何情况下，搭接长度不应小于 300mm。

表1-8 纵向受拉钢筋抗震搭接长度 l_{lE}

（单位：mm）

钢筋种类及同一区段内搭接钢筋面积百分率		混凝土强度等级															
		C20	C25		C30		C35		C40		C45		C50		C55		≥C60
		$d≤25$	$d≤25$	$d>25$	$d≤25$	$d>25$	$d≤25$	$d>25$	$d≤25$	$d>25$	$d≤25$	$d>25$	$d≤25$	$d>25$	$d≤25$	$d>25$	$d≤25$	$d>25$
一级抗震等级	HPB300 ≤25%	54d	47d	—	42d	—	38d	—	35d	—	34d	—	31d	—	30d	—	29d	—
	HPB300 50%	63d	55d	—	49d	—	45d	—	41d	—	39d	—	36d	—	35d	—	34d	—
	HRB335、HRBF335 ≤25%	53d	46d	—	40d	—	37d	—	35d	—	31d	—	30d	—	29d	—	29d	—
	HRB335、HRBF335 50%	62d	53d	—	46d	—	43d	—	41d	—	36d	—	35d	—	34d	—	34d	—
	HRB400、HRBF400 ≤25%	—	55d	61d	48d	54d	44d	48d	40d	44d	38d	43d	37d	42d	36d	40d	35d	38d
	HRB400、HRBF400 50%	—	64d	71d	56d	63d	52d	56d	46d	52d	45d	50d	43d	49d	42d	46d	41d	45d
	HRB500、HRBF500 ≤25%	—	66d	73d	59d	65d	54d	59d	49d	55d	47d	52d	44d	48d	43d	47d	42d	46d
	HRB500、HRBF500 50%	—	77d	85d	69d	76d	63d	69d	57d	64d	55d	60d	52d	56d	50d	55d	49d	53d
二级抗震等级	HPB300 ≤25%	49d	43d	—	38d	—	35d	—	31d	—	30d	—	29d	—	28d	—	26d	—
	HPB300 50%	57d	50d	—	45d	—	41d	—	36d	—	35d	—	34d	—	32d	—	31d	—
	HRB335、HRBF335 ≤25%	48d	42d	—	36d	—	34d	—	31d	—	29d	—	28d	—	26d	—	26d	—
	HRB335、HRBF335 50%	56d	49d	—	42d	—	39d	—	36d	—	34d	—	32d	—	31d	—	31d	—
	HRB400、HRBF400 ≤25%	—	50d	55d	44d	49d	41d	44d	36d	41d	35d	40d	34d	38d	32d	36d	31d	35d
	HRB400、HRBF400 50%	—	59d	64d	52d	57d	48d	52d	42d	48d	41d	46d	39d	45d	38d	42d	36d	41d
	HRB500、HRBF500 ≤25%	—	60d	67d	54d	59d	49d	54d	46d	50d	43d	47d	41d	44d	40d	43d	38d	42d
	HRB500、HRBF500 50%	—	70d	78d	63d	69d	57d	63d	53d	59d	50d	55d	48d	52d	46d	50d	45d	49d

注：
1. 表中数值为纵向受拉钢筋绑扎钢筋搭接头的搭接长度。
2. 两根不同直径钢筋搭接时，表中 d 取较细钢筋直径。
3. 当为环氧树脂涂层带肋钢筋时，表中数据尚应乘以1.25。
4. 当纵向受拉钢筋在施工过程中易受扰动时，表中数据尚应乘以1.1。
5. 当搭接长度范围内纵向受力钢筋周边保护层厚度为 $3d$、$5d$（d 为搭接钢筋的直径）时，表中数据尚可分别乘以0.8、0.7；中间时按内插值。
6. 当上述修正系数（注③～注⑤）多于一项时，可按连乘计算。
7. 任何情况下，搭接长度不应小于300mm。
8. 四级抗震时，$l_{lE}=l_l$。

4. 钢筋的每米重量

钢筋的每米重量的单位是 kg/m。

钢筋的每米重量是计算钢筋工程量的基本依据,当计算出某种直径的钢筋总长度时,根据每米重量就可以计算出钢筋的总重量。

常用钢筋的理论重量见表 1-9。

表 1-9 常用钢筋的理论重量

钢筋直径/mm	理论重量/(kg/m)	钢筋直径/mm	理论重量/(kg/m)
4	0.099	16	1.578
5	0.154	18	1.998
6	0.222	20	2.466
6.5	0.260	22	2.984
8	0.395	25	3.833
10	0.617	28	4.834
12	0.888	30	5.549
14	1.208	32	6.313

注:表中直径为 4mm 和 5mm 的钢筋在习惯上和定额中称为钢丝。

1.2.3 钢筋的配料与代换

1. 钢筋的配料

根据结构施工图,先绘制出各种形状和规格的单根钢筋简图并加以编号,然后分别计算钢筋下料长度、根数及质量,填写钢筋配料单,申请加工。

钢筋配料单的编制见表 1-10。

表 1-10 钢筋配料单

构件名称	钢筋编号	简 图	级别	直径/mm	下料长度/mm	单位根数	合计根数	质量/kg
1号梁 (共1根)	①	200 ⌐────6190────	⾀	25	6802	2	20	523.75
	②	└────6190────	⾀	12	6340	2	20	112.6
	③	┌162┐ 462□	中	6	1298	32	320	91.78
合计 中6: 91.78kg;⾀12: 112.60kg;⾀25: 523.75kg								

配料单的编制步骤如下:

① 熟悉图纸,将结构施工图中钢筋的品种、规格列成钢筋明细表,并读出钢筋设计尺寸。

② 计算钢筋的下料长度。

③ 把钢筋下料长度填入钢筋下料单,汇总编制钢筋配料单(在配料单中,要反映出工程名称、钢筋编号、钢筋简图和尺寸,钢筋直径、数量、下料长度、质量等)。

④ 根据钢筋配料单填写钢筋料牌,每一个编号的钢筋制作一块料牌,作为钢筋加工的依据,见图1-2。

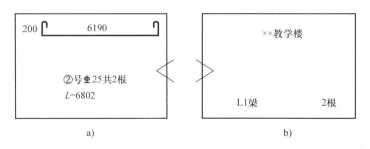

图 1-2 钢筋料牌
a) 反面 b) 正面

2. 钢筋代换

(1) 钢筋代换原则 当施工中遇到钢筋的品种或规格与设计要求不符时,可按钢筋等强度代换或等面积代换原则代换。

1) 等强度代换。当构件受强度控制时,钢筋可按等强度代换原则进行代换,即不同钢号的钢筋按强度相等的原则代换。代换后的钢筋强度应大于或等于代换前的钢筋强度。代换时应满足

$$A_{s2} f_{y2} \geqslant A_{s1} f_{y1}$$

即

$$n_2 \frac{\pi d_2^2}{4} f_{y2} \geqslant n_1 \frac{\pi d_1^2}{4} f_{y1}$$

$$n_2 \geqslant \frac{n_1 d_1^2 f_{y1}}{d_2^2 f_{y2}}$$

式中 n_2——代换后钢筋根数;

n_1——原设计钢筋根数;

d_2——代换后钢筋直径;

d_1——原设计钢筋直径;

f_{y2}——代换后钢筋抗拉强度设计值;

f_{y1}——原设计钢筋抗拉强度设计值;

A_{s2}——代换后钢筋总截面积;

A_{s1}——原设计钢筋总截面积。

2) 等面积代换。当构件按最小配筋率配筋时,钢筋可按面积相等的原则进行代换,即同钢号的钢筋按面积相等的原则代换。代换时应满足

$$A_{s2} \geqslant A_{s1}$$

即

$$n_2 \geqslant n_1 \frac{d_1^2}{d_2^2}$$

3) 当构件受裂缝宽度或挠度控制时,代换后应进行裂缝宽度或挠度验算。

4) 代换后的钢筋应满足构造要求和设计中提出的特殊要求。

(2) 构件截面的有效高度影响 钢筋代换后,有时由于受力筋直径加大或根数增多而需要增加排数,则构件截面的有效高度 h_0 减小,截面强度降低。通常对这种影响可凭经验适当增加钢筋面积,然后再作截面强度复核。对矩形截面的受弯构件,可根据弯矩相等,按下式复核截面强度。

$$A_{s2}f_{y2}\left(h_{02} - \frac{A_{s2}f_{y2}}{2a_1f_c b}\right) \geqslant A_{s1}f_{y1}\left(h_{01} - \frac{A_{s1}f_{y1}}{2a_1f_c b}\right)$$

式中 f_{y2} ——代换后钢筋抗拉强度设计值;

f_{y1}——原设计钢筋抗拉强度设计值;

A_{s2}——代换后钢筋总截面积;

A_{s1}——原设计钢筋总截面积;

h_{02}——代换后构件截面有效高度;

h_{01}——原设计构件截面有效高度(钢筋合力点至截面受压边缘的距离);

a_1——系数,当混凝土强度等级不超过 C50 时,取 1.0,当混凝土强度等级为 C80 时,取 0.94;

f_c——混凝土轴心抗压强度设计值;

b——构件截面宽度。

(3) 钢筋代换注意事项 钢筋代换时,必须充分了解设计意图和代换材料性能,并严格遵守现行混凝土结构设计规范的各项规定;凡重要结构中的钢筋代换,要征得设计单位同意。

① 对某些重要的构件,例如:吊车梁、薄腹梁、桁架弦等,不宜用一级光圆钢筋代替二级带肋钢筋。

② 钢筋替换后,各参数应满足配筋构造规定,例如:钢筋的最小直径、间距、根数、锚固长度等。

③ 同一截面内,可同时配有不同种类和直径的代换钢筋,但每根钢筋的拉力不应过大,以免构件受力不均。

④ 梁的纵向受力筋与弯起钢筋应分别代换,以保证正截面与斜截面的强度。

⑤ 偏心受压构件应分别代换。

⑥ 当构件受裂缝宽度控制时,若以小直径钢筋代换大直径钢筋,或以强度等级低的钢

筋代换强度等级高的钢筋，则不可作裂缝宽度验算。

本章练习题

1. 平法的概念是什么？
2. 钢筋翻样有哪些基本要求？
3. 混凝土保护层厚度如何计算？

第2章
基础钢筋翻样

 本章知识体系（图 2-1 和图 2-2）

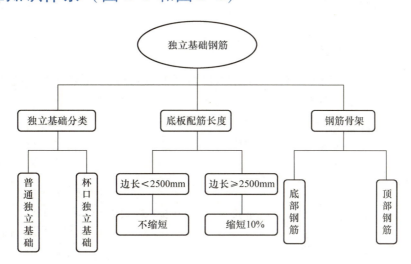

图 2-1 独立基础钢筋知识体系

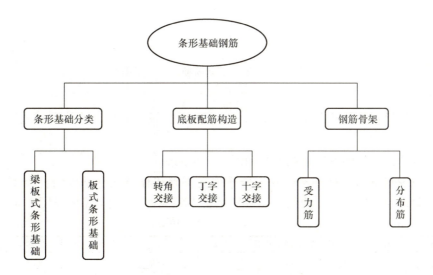

图 2-2 条形基础钢筋知识体系

以上两图为理解独立基础和条形基础构件钢筋计算的思路,要形成这样的蓝图,对独立基础构件的钢筋计算有个宏观的认识。同时,这也是学习平法钢筋计算的一种学习方法,即对知识点进行系统的梳理,形成条理,便于理解和掌握。

本章学习目标

1. 能准确识读基础配筋图。
2. 能准确完成基础钢筋的放样计算,并形成钢筋下料单。

2.1 独立基础钢筋翻样

2.1.1 独立基础平法识图

独立基础平法施工图有平面注写和截面注写两种表达方式,平面注写分为集中标注和原位标注两部分内容,见图2-3。

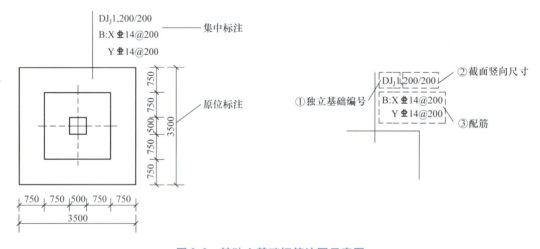

图2-3 某独立基础钢筋注写示意图

一、集中标注

集中标注是指在基础平面图上集中引注。集中标注的内容包括必注项和选注项。

1. 必注项

必注项包括独立基础编号、截面竖向尺寸、配筋。

(1) 独立基础编号 独立基础分为普通独立基础和杯口独立基础两种类型,基础底板截面形状有阶形和坡形两种。独立基础编号见表2-1;独立基础类型图见图2-4。

表2-1 独立基础编号

类型	基础底板截面形状	代号	序号
普通独立基础	阶形	DJ_J	××
	坡形	DJ_P	××
杯口独立基础	阶形	BJ_J	××
	坡形	BJ_P	××

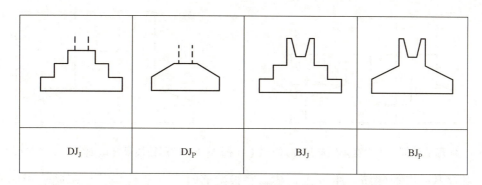

图 2-4　独立基础类型图

（2）截面竖向尺寸

1）普通独立基础截面竖向尺寸。对普通独立基础，阶形截面竖向尺寸注写为 $h_1/h_2/\cdots$，见图 2-5；坡形截面竖向尺寸注写为 h_1/h_2，见图 2-6。例如：当阶形截面普通独立基础 $DJ_J \times \times$ 的竖向尺寸注写为 400/300/300 时，表示 $h_1=400$、$h_2=300$、$h_3=300$，基础底板总高度为 1000；当坡形截面普通独立基础 $DJ_P \times \times$ 的竖向尺寸注写为 350/300 时，表示 $h_1=350$、$h_2=300$，基础底板总高度为 650。

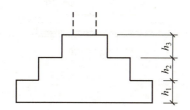　　　　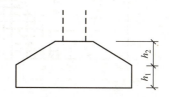

图 2-5　阶形截面普通独立基础竖向尺寸　　图 2-6　坡形截面普通独立基础竖向尺寸

【小提示】当独立基础为阶形截面时，各阶尺寸自下而上用"/"分隔顺写。当基础为单阶时，其竖向尺寸仅为一个，即基础的总高度。

2）杯口独立基础截面竖向尺寸。对杯口独立基础，阶形截面竖向尺寸注写为 a_0/a_1，$h_1/h_2/\cdots$，见图 2-7 和图 2-8；坡形截面竖向尺寸注写为 a_0/a_1，$h_1/h_2/h_3$，见图 2-9 和图 2-10。

（3）配筋　独立基础配筋共有 5 种，分别为独立基础底板配筋、杯口独立基础顶部焊接钢筋网、高杯口独立基础短柱配筋、普通独立深基础短柱竖向配筋、多柱独立基础底板顶部配筋。在实际施工图中，可根据具体情况选择。

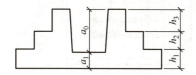　　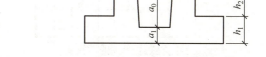

图 2-7　阶形截面杯口独立基础竖向尺寸（一）　　图 2-8　阶形截面杯口独立基础竖向尺寸（二）

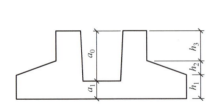
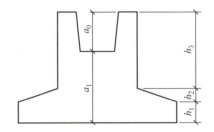

图 2-9　坡形截面杯口独立基础竖向尺寸（一）　　图 2-10　坡形截面高杯口独立基础竖向尺寸（二）

1）独立基础底板配筋。注写独立基础底板配筋时，以 B 代表独立基础底板的底部配筋，X 向配筋以 X 开头注写，Y 向配筋以 Y 开头注写；两向配筋相同时，则以 X&Y 开头注写，见图 2-11。

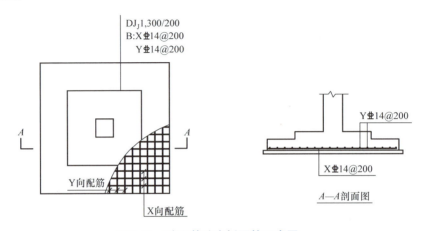

图 2-11　独立基础底板配筋示意图

【小提示】各种独立基础均有底板配筋。

2）杯口独立基础顶部焊接钢筋网。以 Sn 打头引注杯口独立基础顶部焊接钢筋网的各边钢筋，见图 2-12 和图 2-13。

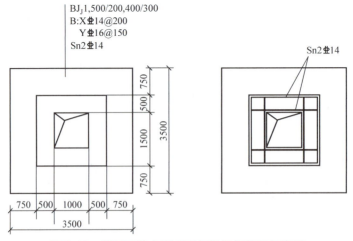

图 2-12　单杯口独立基础顶部焊接钢筋网示意图

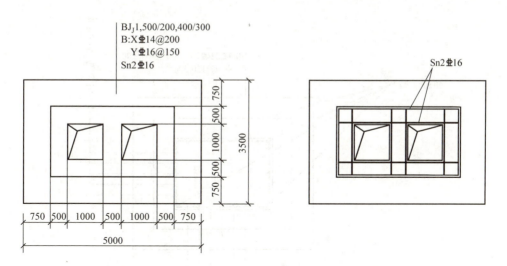

图 2-13 双杯口独立基础顶部焊接钢筋网示意图

3) 高杯口独立基础短柱配筋。高杯口独立基础短柱配筋的注写方式如下：

① 以 O 代表短柱配筋。

② 先注写短柱配筋，再注写箍筋。注写格式为：角筋/长边中部筋/短边中部筋，箍筋（两种间距）。当短柱水平截面为正方形时，注写格式为：角筋/X 边中部筋/Y 边中部筋，箍筋（两种间距，即短柱杯口壁内箍筋间距/短柱其他部位箍筋间距）。

高杯口独立基础杯壁配筋见图 2-14 和图 2-15。

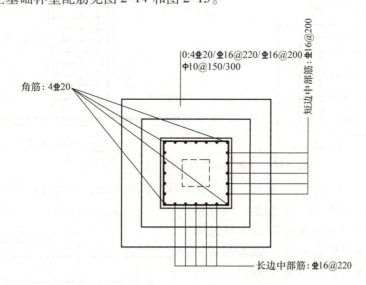

图 2-14 高杯口独立基础杯壁配筋

【小提示】对于高杯口独立基础，需要注写底板配筋、顶部焊接钢筋网和短柱配筋。

4) 普通独立深基础短柱竖向配筋。DZ 表示普通独立深基础短柱，先注写短柱纵筋，再注写箍筋，最后注写短柱标高范围，注写格式为：角筋/长边中部筋/短边中部筋，箍筋，短柱标高范围；当短柱水平截面为正方形时，注写格式为：角筋/X 边中部筋/Y 边中部筋，

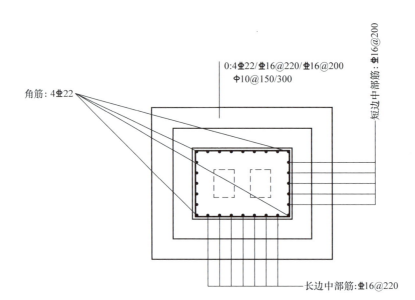

图 2-15 双高杯口独立基础杯壁配筋

箍筋，短柱标高范围，见图 2-16。

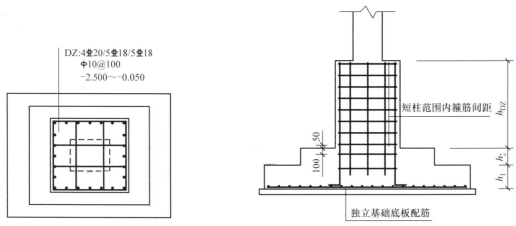

图 2-16 普通独立深基础短柱竖向配筋示意图

【小提示】 对于普通独立深基础，一般需要注写底板配筋、短柱竖向配筋。

5）多柱独立基础底板顶部配筋。独立基础通常为单柱独立基础，也可以为多柱独立基础。多柱独立基础底板顶部一般要配置钢筋，同时根据情况在柱间设置基础梁。多柱独立基础底板顶部配筋情况如下：

① 双柱独立基础。双柱独立基础顶部钢筋示意图见图 2-17。

a. 双柱独立基础底板顶部钢筋通常对称分布在双柱中心线两侧，以 T 开头。

b. 注写格式为：双柱间受力纵筋/分

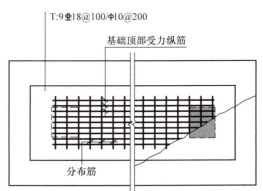

图 2-17 双柱独立基础顶部配筋示意图

布筋。

c. 当受力纵筋在基础底板顶面非满布时，应注明总根数。

② 四柱独立基础。四柱独立基础底板顶部基础梁间配筋示意图见图2-18。

a. 配置两道基础梁的四柱独立基础底板顶部配筋注写，以T开头。

b. 根据内力需要在双梁之间（梁的长度范围内）配置基础顶部钢筋，注写为：梁间受力筋/分布筋。

【小提示】对于多柱独立基础，一般需要注写底板底部配筋和顶部配筋。若有基础梁，还需注写基础梁配筋。

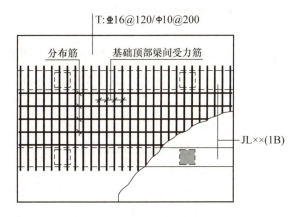

图2-18 四柱独立基础底板顶部基础梁间配筋示意图

2. 选注项

选注项包括基础底面标高和必要的文字注解。

（1）基础底面标高　当独立基础底面标高与基础底面基准标高不同时，应将独立基础底面标高直接注写在（）内。

（2）必要的文字注解　当独立基础的设计有特殊要求时，宜增加必要的文字注解。例如：基础底板配筋长度是否采用缩短方式等，可在该项内注明。

二、原位标注

钢筋混凝土和素混凝土独立基础的原位标注，是指在基础平面布置图上标注独立基础的平面尺寸，见图2-19～图2-21。

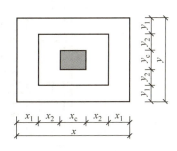

图2-19 对称阶形截面普通独立基础原位标注

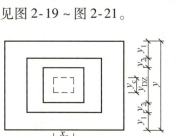

图2-20 短柱独立基础原位标注

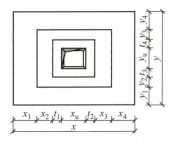

图2-21 阶形截面杯口独立基础原位标注

2.1.2 独立基础钢筋排布规则

一、独立基础底板配筋构造

1. 一般情况

第一根钢筋布置的位置与构件边缘的距离（起步距离）取 $\min(75\text{mm}, \frac{s}{2})$，其中 s 为钢筋的间距。

钢筋计算公式如下（以 x 向为例）。

螺纹钢：长度 $= x - 2c$

圆钢：长度 $= x - 2c + 2 \times 6.25d$（一级钢两端需设180°弯钩，一端弯钩增加值为6.25d）

$$根数 = \frac{y - 2\min(75\text{mm}, \frac{s}{2})}{s} + 1（取整数）$$

2. 缩短10%

当独立基础底板长度≥2500mm 时，除外侧钢筋外，底板配筋长度可取相应方向底板长度的0.9倍，交错放置。

【小提示】当非对称独立基础底板长度≥2500mm，但该基础某侧从柱中心至基础底板边缘的距离 < 1250mm 时，钢筋在该侧不应缩短。

（1）对称独立基础　配筋构造见图2-22。

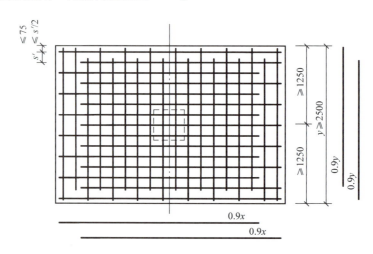

图2-22　对称独立基础底板配筋缩短10%构造

1）构造要点。除最外侧钢筋外，两向其他钢筋缩短10%。

2）计算公式（以 x 向为例）。计算公式如下。

外侧：长度 $= x - 2c$（螺纹钢，2根）

或　　　长度 $= x - 2c + 6.25d$（圆钢，2根）

内侧：长度 $= 0.9x$（螺纹钢）

或　　　长度 $= 0.9x + 6.25d \times 2$（圆钢）

$$根数 = \frac{y - 2\min(75\text{mm}, \frac{s}{2})}{s} - 1（取整数）$$

（2）非对称独立基础　配筋构造见图2-23。

1）构造要点。各边最外侧钢筋不缩短，对称方向中部钢筋缩短10%；对非对称方向，当从柱心至基础底板边缘的距离小于1250mm时，该侧边不减筋，当从柱心至基础底板边缘的距离不小于1250mm时，该侧边钢筋隔一根缩减一根。

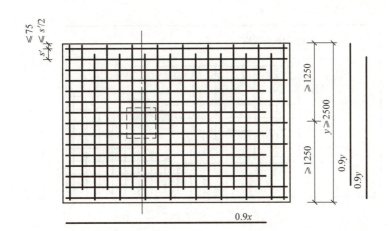

图 2-23 非对称独立基础底板配筋缩短 10% 构造

2）计算公式。计算公式如下。

X 向及 Y 向外侧：长度 = x（或 y）$- 2c$（螺纹钢，2 根）

长度 = x（或 y）$- 2c + 6.25d$（圆钢，2 根）

内侧：

对称方向（Y 向）：长度 = $0.9y$（螺纹钢）

$$根数 = \frac{x - 2\min(75\mathrm{mm}, \frac{s}{2})}{s} - 1$$

非对称方向（X 向不缩减时）：长度 = $x - 2c$

$$根数 = n_1 = \frac{\frac{y - 2\min(75\mathrm{mm}, \frac{s}{2})}{s} - 1}{2}$$

非对称方向（X 向缩减时）：长度 = $0.9x$

$$根数 = n_1 - 1$$

二、多柱独立基础底板顶部配筋构造

1. 双柱独立基础

双柱独立基础底板顶部配筋构造见图 2-24。构造要点如下：

1）受力筋长度：柱内侧边长度 + 两端锚固长度。

2）分布筋长度：分以下两种情况。

① 当独立基础上部受力筋满布时，垂直方向的分布筋长度 = 基础侧边长度 - 两个保护层厚度。

② 当独立基础上部受力筋不满布时，垂直方向的分布筋只要超过受力筋即可，每边最好超过受力筋 50mm（以具体设计为准），以便于固定受力筋。

3）分布筋根数：分布筋在受力筋长度范围内布置，起步距离取"分布筋间距/2"。

2. 四柱独立基础

四柱独立基础底板顶部配筋构造见图 2-25。

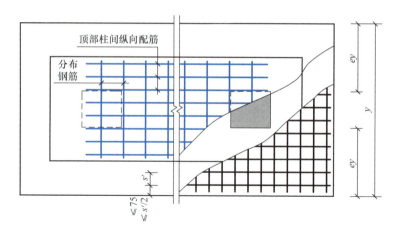

图 2-24 双柱独立基础底板顶部配筋构造

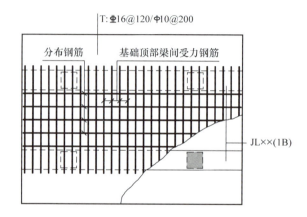

图 2-25 四柱独立基础底板顶部配筋构造

（1）受力纵筋

$$受力纵筋长度 = 基础顶部纵向宽度 - 两端保护层厚度$$

$$受力纵筋根数 = \frac{基础顶部横向宽度 - 起步距离}{间距} + 1$$

（2）横向分布筋

$$横向分布筋长度 = 基础顶部横向宽度 - 两端保护层厚度$$

2.1.3 独立基础钢筋翻样实例

独立基础钢筋翻样的基本步骤如下：

① 识读图纸，根据图纸的集中标注和原位标注掌握图纸的配筋等信息。

② 根据钢筋的排布规则及构造要求，分析钢筋的排布范围等相关信息。

③ 根据相关知识计算钢筋的下料长度。

【例 2-1】已知：某独立基础的环境类别为二 a，混凝土的强度等级为 C35，基础有垫层，混凝土保护层厚度取 40mm。

要求：根据图 2-26 对该基础钢筋进行识图与翻样。

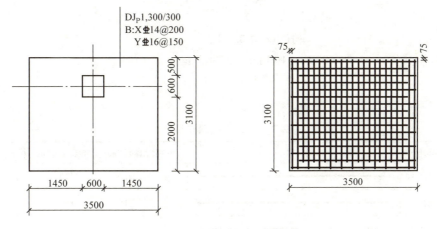

图 2-26　钢筋排布示意图

【解】

1）识读图纸信息可知，DJ_P1 是单柱非对称独立基础，底板配筋为：X 向尺寸为 3500mm，Y 向（不对称）尺寸为 3100mm，均大于 2500mm，混凝土强度等级为 C35，有垫层。

2）根据钢筋的排布规则及构造要求，分析钢筋的排布范围：

① X 向：对称，且长度 >2500mm。除最外侧钢筋外，底板钢筋可缩短 10%。

② Y 向：非对称，且长度 >2500mm。最外侧钢筋不缩减；从柱心至基础底板边缘的距离小于 1250mm 时，该侧边不减筋，从柱心至基础底板边缘的距离不小于 1250mm 时，该侧边钢筋隔一根缩减一根。

3）计算钢筋下料长度，混凝土的保护层厚度取 40。

对称 X 向：

外侧（①号筋）：长度 $= x - 2c =$（$3500 - 2 \times 40$）mm $= 3420$mm（2 根）

内侧（②号筋）：长度 $= 0.9x = 0.9 \times 3500$mm $= 3150$mm

$$根数 = \frac{y - 2\min(75\text{mm}, \frac{s}{2})}{s} - 1$$

$$= \frac{3100 - 2 \times 75}{200} - 1$$

$$= 13.75 \text{（取 14）}$$

非对称 Y 向：内侧不缩减时为③号筋；内侧缩减时为④号筋。

外侧：长度 $= y - 2c =$（$3100 - 2 \times 40$）mm $= 3020$mm（2 根）

内侧（不缩减时）：长度 $= y - 2c =$（$3100 - 2 \times 40$）mm $= 3020$mm

$$根数 = n_1 = \frac{\dfrac{x - 2\min(75\text{mm}, \frac{s}{2})}{s} - 1}{2}$$

$$= \frac{\frac{3500-2\times75}{150}-1}{2}$$
$$=10.66（取11）$$

内侧（缩减时）：长度 $=0.9\times3100\text{mm}=2790\text{mm}$

$$根数 = n_1 - 1 = 10$$

基础底板钢筋配料单见表 2-2。

表 2-2 基础底板钢筋配料单

	钢筋编号	简 图	级别	直径/mm	下料长度/mm	根数	质量/kg
基础底板	①	———	⊕	14	3420	2	8.263
	②	———	⊕	14	3150	14	53.273
	③	———	⊕	16	3020	13	61.952
	④	———	⊕	16	2790	10	44.026
	合计		⊕14：61.536kg；⊕16：105.978kg				

【例 2-2】已知：某独立基础的环境类别为二 a，混凝土的强度等级为 C35，基础有垫层，混凝土保护层厚度取 40mm。

要求：根据图 2-27 对该基础底板顶部钢筋进行识图与翻样。

【解】分布筋和受力筋的长度及根数计算如下：

①号筋：分布筋

长度 $=(2400-2\times40)\text{mm}=2320\text{mm}$

$$根数 = \frac{500-2\times50-2\min(75,\frac{200}{2})}{200}+1$$
$$=3$$

②号筋：受力筋

长度 $=(1900-2\times40)\text{mm}=1820\text{mm}$

$$根数 = \frac{2400-2\min(75,\frac{150}{2})}{150}+1$$
$$=16$$

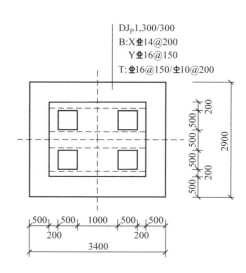

图 2-27 钢筋排布示意图

【小提示】分布筋布置在两根基础梁之间，基础梁的宽度宜比柱截面宽度大 ≥100mm（每边 ≥50mm）。

基础底板顶部钢筋配料单见表 2-3。

表 2-3 基础底板顶部钢筋配料单

基础底板顶部	钢筋编号	简 图	级别	直径/mm	下料长度/mm	根数	质量/kg
	①	———————	⏀	10	2320	3	4.294
	②	———————	⏀	16	1820	16	45.951
	合计	⏀10：4.294kg；⏀16：45.951kg					

2.2 条形基础钢筋翻样

2.2.1 条形基础平法识图

条形基础整体上可分为两类：梁板式条形基础和板式条形基础。

梁板式条形基础适用于钢筋混凝土框架结构、框架-剪力墙结构、部分框支剪力墙结构和钢结构，平法施工图将梁板式条形基础分解为基础梁和条形基础底板，分别进行表达。

板式条形基础适用于钢筋混凝土剪力墙结构和砌体结构，平法施工图仅表达条形基础底板。

条形基础编号分为基础梁和条形基础底板编号，见表 2-4。

表 2-4 条形基础梁及底板编号

类型		代号	序号	跨数及有无外伸
基础梁		JL	××	（××）端部无外伸
条形基础底板	坡形	TJB_P	××	（××A）一端有外伸
	阶形	TJB_J	××	（××B）两端有外伸

注：条形基础通常采用坡形截面或单阶形截面。

一、基础梁的平面注写方式

基础梁的平面注写方式分为集中标注和原位标注两部分内容。当集中标注的某项数值不适用于基础梁的某部位时，则将该数值采用原位标注；施工时，优先采用原位标注。

1. 基础梁的集中标注

基础梁的集中标注内容为：基础梁编号、截面尺寸、配筋 3 项必注内容，以及基础梁底面标高（与基础底面基准标高不同时）和必要的文字注解两项选注内容。具体规定如下：

（1）注写基础梁编号 见表 2-4。

（2）注写基础梁截面尺寸 注写格式为 $b×h$，其中 b 和 h 分别表示梁截面的宽度与高度。对竖向加腋梁，注写格式为 $c_1×c_2$ 表示，其中 c_1 为腋长，c_2 为腋高。

（3）注写基础梁配筋

1）注写基础梁箍筋

① 当具体设计仅采用一种箍筋间距时，注写内容为箍筋级别、直径、间距与肢数（箍筋肢数写在括号内，下同）。

② 当具体设计采用两种箍筋时，需用"/"分隔不同箍筋，并按照从基础梁两端向跨中的顺序注写。先注写第一段箍筋（在前面加注箍筋道数），再在"/"后注写第二段箍筋（不再加注箍筋道数）。

2）注写基础梁底部、顶部及侧面纵筋

① 以 B 打头，注写梁底部贯通纵筋（不应少于梁底部受力筋总截面面积的 1/3）。当跨中所注根数少于箍筋肢数时，需要在跨中增设梁底部架立筋，以固定箍筋，采用"+"将贯通纵筋与架立筋相联，架立筋注写在加号后面的（）内。

② 以 T 打头，注写梁顶部贯通纵筋。注写时用分号";"将底部与顶部贯通纵筋分隔开，如有个别跨与其不同者，按原位注写的规定处理。

③ 当梁底部或顶部贯通纵筋多于一排时，用"/"将各排纵筋自上而下分开。

④ 以 G 打头，注写梁两侧面对称设置的纵向构造筋的总配筋值（当梁腹板高度不小于 450mm 时，根据需要配置）。当需要配置抗扭纵筋时，梁两个侧面设置的抗扭钢筋以 N 打头。

(4) 注写基础梁底面标高　当基础梁底面标高与基础底面基准标高不同时，将基础梁底面标高注写在（）内。

(5) 必要的文字注解　当基础梁的设计有特殊要求时，宜增加必要的文字注解。

2. 基础梁的原位标注

基础梁支座的底部纵筋，系指包含贯通纵筋与非贯通纵筋在内的所有纵筋。

1）当底部纵筋多于一排时，用"/"将各排纵筋自上而下分开。

2）当同排纵筋有两种直径时，用"+"将两种直径的纵筋相联。

3）当梁支座两边的底部纵筋配置不同时，需要在支座两边分别标注；当梁支座两边的底部纵筋相同时，可仅在支座的一边标注。

4）当梁支座底部全部纵筋与集中标注写过的底部贯通纵筋相同时，可不再重复进行原位标注。

5）竖向加腋梁加腋部位钢筋，需在设置加腋的支座处以 Y 打头注写在括号内。

二、条形基础底板的平面注写方式

条形基础底板的平面注写方式分为集中标注和原位标注两部分内容。

1. 条形基础底板的集中标注

条形基础底板的集中标注内容为：条形基础底板编号、截面竖向尺寸、配筋 3 项必注内容，以及条形基础底板底面标高（与基础底面基准标高不同时）、必要的文字注解两项选注内容。

素混凝土条形基础底板的集中标注，除无底板配筋内容外，与钢筋混凝土条形基础底板相同。具体规定如下：

(1) 注写条形基础底板编号　见表2-4。条形基础底板向两侧的截面形状通常有两种：

1）阶形截面。编号加下标"J"，例如：$TJB_J \times \times (\times \times)$。

2）坡形截面。编号加下标"P"，例如：$TJB_P \times \times (\times \times)$。

(2) 注写条形基础底板截面竖向尺寸　注写格式为 $h_1/h_2/\cdots$，见图2-28和图2-29。

(3) 注写条形基础底板配筋　以 B 打头，注写条形基础底板底部的横向受力筋；以 T 打头，注写条形基础底板顶部的横向受力筋。注写时，用"/"分隔条形基础底板的横向受力筋与纵向分布筋。例如：

$$B：\Phi14@150/\Phi8@250$$

表示条形基础底板底部横向配置 HRB400 级受力筋，直径为 14mm，分布间距为 150mm；纵向配置 HPB300 级分布筋，直径为 8mm，分布间距为 250mm，见图 2-30。

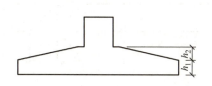

图 2-28　条形基础底板坡形截面竖向尺寸

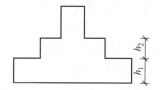

图 2-29　条形基础底板阶形截面竖向尺寸

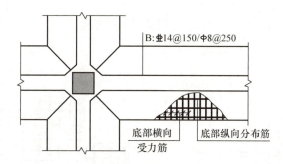

图 2-30　条形基础底板底部配筋示意图

某双梁条形基础底板配筋为

$$B：\Phi14@150/\Phi8@250；T：\Phi14@200/\Phi8@250$$

表示条形基础底板底部配置Φ14@150 的受力筋，纵向配置Φ8@250 的分布筋，底板顶部横向配置Φ14@200 的受力筋，纵向配置Φ8@250 的分布筋，见图 2-31。

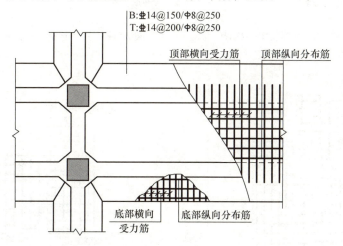

图 2-31　某双梁条形基础底板配筋示意图

（4）注写条形基础底板底面标高　当条形基础底板底面标高与条形基础底面基准标高不同时，应将条形基础底板底面标高注写在（　）内。

（5）注写必要的文字注解　当条形基础底板有特殊要求时，应增加必要的文字注解。

【小提示】对双梁（或双墙）条形基础底板，除在底板底部配置钢筋外，一般还需在双梁（或双墙）之间的底板顶部配置钢筋，其中横向受力筋的锚固从梁（或墙）的内边缘算起。

2. 条形基础底板的原位标注

原位注写条形基础底板的平面尺寸。素混凝土条形基础底板的原位标注与钢筋混凝土条形基础底板相同，见图2-32。

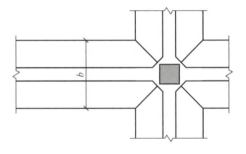

图2-32　条形基础底板原位标注

2.2.2　条形基础钢筋排布规则

1. 梁板式条形基础钢筋排布构造（图2-33～图2-37）

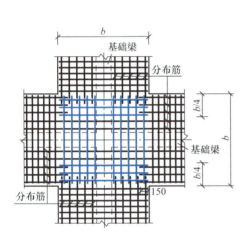

图2-33　十字交叉基础底板钢筋排布构造

注：本图也可用于转角梁板端部均有纵向延伸时。

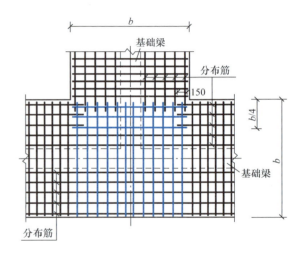

图2-34　丁字形交叉基础底板钢筋排布构造

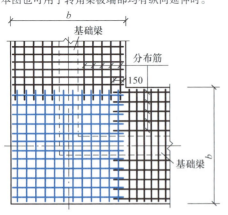

图2-35　转角梁板端部无纵向延伸钢筋排布构造

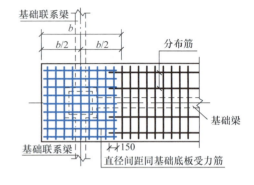

图2-36　条形基础无交接底板端部构造

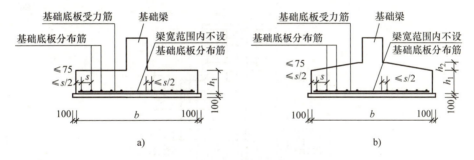

图 2-37 柱条形基础底板钢筋排布构造
a) 阶形截面 TJB_J b) 坡形截面 TJB_P

注：1. 条形基础底板的分布筋在梁宽范围内不设置。
    2. 在两向受力筋交接处的网状部位，分布筋与同向受力筋的搭接长度为150mm。

2. 板式条形基础钢筋排布构造（图 2-38 ~ 图 2-41）

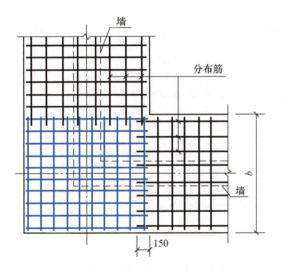

图 2-38 转角处基础底板钢筋排布构造

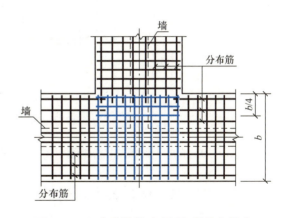

图 2-39 丁字交接基础底板钢筋排布构造

3. 条形基础底板配筋缩短10%构造

当条形基础底板宽度≥2500mm 时，底板配筋可缩短10%配置，但是在进入底板交接区的受力筋和无交接底板端部的第一根钢筋不应缩短，见图 2-42。

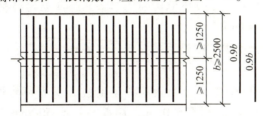

图 2-42 条形基础底板配筋缩短10%构造

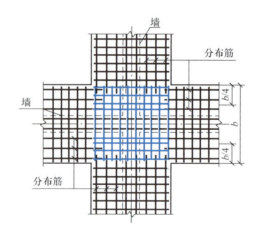

图 2-40 十字交接基础底板钢筋排布构造

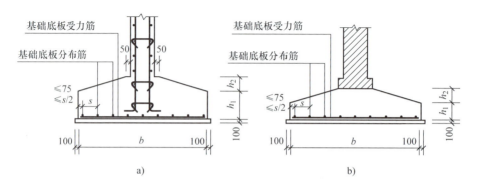

图 2-41 板式条形基础钢筋排布构造
a) 剪力墙下条形基础截面　b) 砌体墙下条形基础截面
注：在两向受力筋交接处的网状部位，分布筋与受力筋的搭接长度为150mm。

2.2.3 条形基础钢筋翻样实例

条形基础钢筋翻样的基本步骤如下：

① 识读图纸，根据图纸的集中标注和原位标注掌握图纸的配筋等信息。

② 根据钢筋的排布规则及构造要求分析钢筋的排布范围等相关信息。

③ 根据相关知识计算钢筋的下料长度。

【例 2-3】已知：某独立基础的环境类别为二 a，混凝土的强度等级为 C30，基础有垫层，混凝土保护层厚度取 40mm。

要求：根据图 2-43，对 TJB_p01 进行钢筋识图与翻样。

【解】

（1）识读图纸信息　TJB_p01 底板为两跨一端悬挑，受力筋为⊈18，间距150mm，分布筋为Φ12，间距250mm，Y向尺寸为2500mm，底板宽度≥2500mm，混凝土强度等级为C30，有垫层。

（2）分析钢筋排布范围　根据丁字交叉条形基础钢筋排布规则，TJB_p01 和 TJB_p02 交接处的受力筋应交接 1500mm/4 = 375mm。

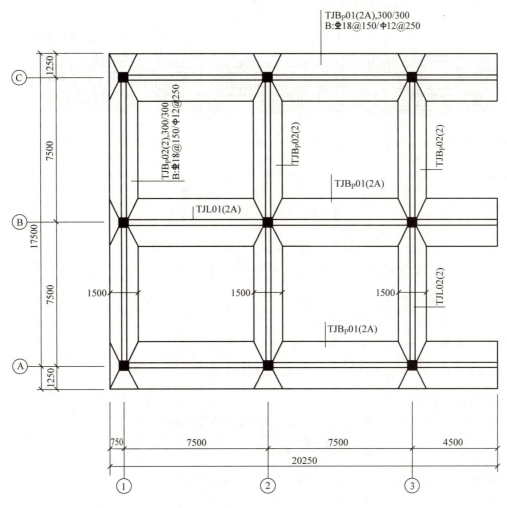

图 2-43 TJB_P01 基础平法施工图

根据条形基础底板配筋缩短 10% 的钢筋排布构造，当条形基础底板宽度≥2500mm 时，底板配筋可缩短 10% 配置。但是在进入底板交接区的受力筋和无交接底板端部的第一根钢筋不应缩短。

根据条形基础无交接底板端部钢筋排布构造，TJB_P01 端部 2500mm×2500mm 范围内应配置双向⊕18 的受力筋。规定水平方向为 X 向，竖直方向为 Y 向，钢筋排布范围见图 2-44。

（3）计算钢筋的下料长度　钢筋的混凝土保护层厚度取 40mm。

1）X 向受力筋：

外侧（①号筋）：长度 = (2500 − 40)mm = 2460mm

　　　　　　　根数 = 2

中间（②号筋）：长度 = 2500mm × 0.9 = 2250mm

　　　　　　　根数 = $\frac{2500 - 75 \times 2}{150} - 1 = 14.7$（取 15）

2）X 向分布筋：第一、二跨为③号筋；端部为④号筋。

第一跨：长度 = [6000 + (40 + 150) × 2]mm = 6380mm

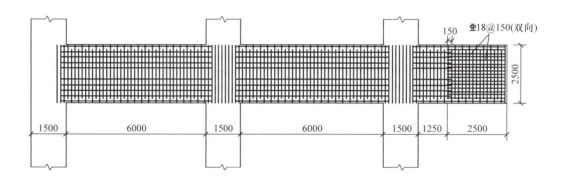

图 2-44 TJB$_P$01 钢筋排布示意图

$$单侧根数 = \frac{\frac{2500-300}{2} - 75 - \frac{250}{2}}{250} + 1 = 4.6（取5）$$

$$分布筋总根数 = 5 \times 2 = 10$$

第二跨：分布筋长度及根数同上。

端部：长度 $= (1250 + 150 + 40 + 150)\text{mm} = 1590\text{mm}$

$$根数 = \frac{2500 - 75 \times 2}{250} + 1 = 10.4（取11）$$

3) Y 向受力筋：

交接处（⑤号筋）：长度 $= (2500 - 2 \times 40)\text{mm} = 2420\text{mm}$

$$根数 = \frac{375 - 75}{150} + 1 = 3$$

Y 向外侧（⑥号筋）：长度 $= (2500 - 2 \times 40)\text{mm} = 2420\text{mm}$

$$根数 = 1$$

Y 向中间（⑦号筋）：长度 $= (2500 \times 0.9)\text{mm} = 2250\text{mm}$

$$根数 = \left(\frac{6000 + 75 \times 2}{150} - 1\right) \times 2 + \left(\frac{3750}{150} - 1\right) = 104$$

基础底板配料单见表 2-5。

表 2-5 基础底板配料单

	钢筋编号	简图	级别	直径/mm	下料长度/mm	根数	质量/kg
基础底板	①	——	⏀	18	2460	2	9.83
	②	——	⏀	18	2250	15	67.432
	③	——	Φ	12	6380	20	113.309
	④	——	Φ	12	1590	11	15.531
	⑤	——	⏀	18	2420	3	14.505
	⑥	——	⏀	18	2420	1	4.835
	⑦	——	⏀	18	2250	104	467.532
	合计	⏀18：559.299kg；Φ12：128.84kg					

本章练习题

1. 独立基础底部钢筋网，哪个方向的钢筋在下？哪个方向的钢筋在上？
2. 独立基础在什么情况下会出现顶部钢筋网？哪个方向的钢筋在下？哪个方向的钢筋在上？
3. 梁板式条形基础和板式条形基础分别适用于哪种结构？
4. 梁板式条形基础中的基础梁与框架梁有哪些不同之处？
5. 已知：某独立基础的环境类别为二 a，混凝土的强度等级为 C35，基础有垫层，混凝土保护层厚度取 40mm。

要求：根据图 2-45 对该基础底板顶部钢筋进行识图与翻样。

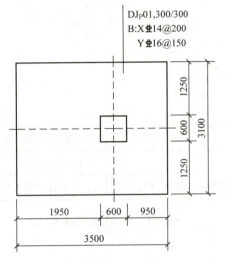

图 2-45 DJ_P01 钢筋示意图

6. 对图 2-43 中的 TJB_P02 进行钢筋翻样。

第3章
柱钢筋翻样

本章知识体系（图 3-1）

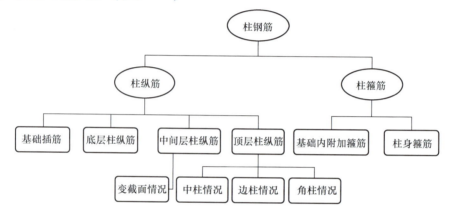

图 3-1 柱钢筋知识体系

本章学习目标

1. 能准确识读柱配筋图。
2. 能准确完成柱钢筋的放样计算，并形成钢筋下料单。

3.1 柱平法识图

柱平法施工图可采用列表注写方式或截面注写方式表达。

3.1.1 列表注写方式

列表注写方式，是指在柱平面布置图上（一般只需采用适当比例绘制，内容包括框架柱、框支柱、梁上柱和剪力墙上柱），在每一组编号相同的柱中选择一个（有时需要选择几个）截面标注几何参数代号；在柱表中注写柱编号、柱段起止标高、柱截面几何尺寸（含柱截面对轴线的偏心情况）与配筋的具体数值，并配以各种柱截面形状及其箍筋类型图，来表达柱平法施工图。

用列表注写方式绘制的柱表规定如下：

(1) 注写柱编号　柱编号由柱类型、代号和序号组成，详见表3-1。

表3-1　柱编号

柱类型	代号	序号
框架柱	KZ	××
转换柱	ZHZ	××
芯柱	XZ	××
梁上柱	LZ	××
剪力墙上柱	QZ	××

注：编号时，当柱的总高、分段截面尺寸和配筋均对应相同，仅截面与轴线的关系不同时，仍可将其编为同一柱号，但应在图中注明截面与轴线的关系。

(2) 注写柱段起止标高　自柱根部往上，以变截面位置或截面未变但配筋改变处为界，分段标写。框架柱（图 3-2a）和转换柱的根部标高是指基础顶面标高；芯柱的根部标高是指根据结构实际需要而定的起始位置标高；梁上柱的根部标高是指梁顶面标高，见图3-2b；剪力墙上柱的根部标高为墙顶面标高，见图 3-2c、d。

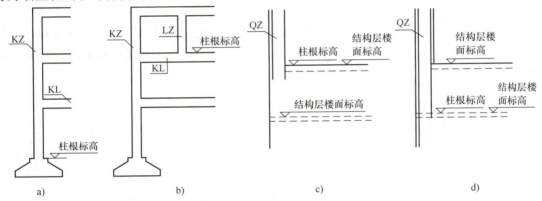

图 3-2　柱的根部标高起始点示意图
a) 框架柱　b) 梁上柱　c) 剪力墙上柱一　d) 剪力墙上柱二

(3) 注写柱截面几何尺寸　对于矩形柱，柱截面尺寸 $b \times h$ 及与轴线关系的几何参数代号 b_1、b_2 和 h_1、h_2 的具体数值，需对应于各段柱分别注写。其中，$b = b_1 + b_2$，$h = h_1 + h_2$。当截面的某一边收缩变化至与轴线重合，或偏到轴线的另一侧时，b_1、b_2、h_1、h_2 中的某项为零或负值。

对于圆柱，表中 $b \times h$ 一栏改用在圆柱直径数字前加 d 表示。为表达简单，圆柱截面与轴线的关系也用 b_1、b_2 和 h_1、h_2 表示，并使 $d = b_1 + b_2 = h_1 + h_2$，见图3-3。

对于芯柱，根据结构需要，可以在某些框架柱的一定高度范围内，在其内部的中心位置设置（分别引注其柱编号）。芯柱的截面尺寸按构造确定，并按 16G101—1 中的标准构造详图施工，设计时不需注写；当设计者采用与该构造详图不同的做法时，应另行注明。

(4) 注写柱纵筋　当柱纵筋直径相同，各边根数也相当时（包括矩形柱、圆柱和芯柱），将纵筋注写在"全部纵筋"一栏中。除此之外，柱纵筋分角筋、截面 b 边中部筋和 h 边中部筋 3 项分别注写（对于采用对称配筋的矩形柱，可仅注写一侧中部筋，对称边省略不注；对于采用非对称配筋的矩形柱，必须每侧均注写中部筋）。

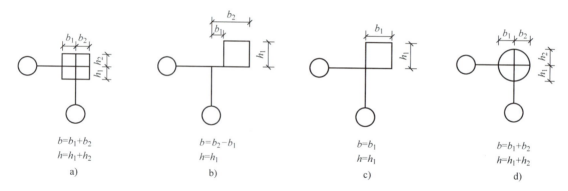

图 3-3 柱截面尺寸与轴线关系

（5）注写柱箍筋类型号及箍筋肢数　具体工程所设计的各种箍筋类型图以及箍筋复合的具体方式，需画在表的上部或图中的适当位置，并在其上标注与表中相对应的 b、h 和类型号。

（6）注写柱箍筋　包括钢筋级别、直径与间距。用斜线"/"区分柱端箍筋加密区与柱身非加密区长度范围内箍筋的不同间距。施工人员需根据标准构造详图的规定，在规定的几种长度值中取其最大者作为加密区长度。

当框架节点核心区内箍筋与柱端箍筋设置不同时，应在括号中注明核心区箍筋直径及间距。当箍筋沿柱全高为一种间距时，则不适用"/"线。当圆柱采用螺旋箍筋时，需在箍筋前加"L"。

柱平法施工图列表注写方式见图 3-4。

3.1.2　截面注写方式

截面注写方式，是指在柱平面布置图上，在每一组编号相同的柱中选择一个截面，以直接注写截面尺寸和配筋具体数值的方式来表达柱平法施工图。

对除芯柱之外的所有柱截面，按表 3-1 的规定进行编号。从相同编号的柱中选择一个截面，按另一种比例原位放大绘制柱截面配筋图，并在各配筋图上继其编号后再注写截面尺寸 $b×h$、角筋或全部纵筋（当纵筋采用一种直径且能够在图上表示清楚时）、箍筋的具体数值（箍筋的注写方式及对柱纵筋搭接长度范围的箍筋间距要求同列表注写），以及柱截面与轴线关系 b_1、b_2、h_1、h_2 的具体数值。

当纵筋采用两种直径时，须再注写截面各边中部筋的具体数值（对于采用对称配筋的矩形柱，可仅在一侧注写中部筋，对称边省略不注）。

当在某些框架柱的一定高度范围内，在其内部的中心位置设置芯柱时，首先按照表 3-1 的规定进行编号，其后注写芯柱的起止标高、全部纵筋及箍筋的具体数值（箍筋的注写方式及对柱纵筋搭接长度范围的箍筋间距要求同列表注写）。芯柱截面尺寸按构造确定，并按标准构造详图施工，设计不注；当设计者采用与本构造详图不同的做法时，应另行注明。芯柱位置随框架柱定，不需要注写其与轴线的几何关系。

在截面注写方式中，若柱的分段截面尺寸和配筋均相同，仅分段截面与轴线的关系不同，则可将其编为同一柱号。但此时应在未画配筋的柱截面上注写该柱截面与轴线关系的具体尺寸。

柱平法施工图截面注写方式见图 3-5。

第3章 柱钢筋翻样

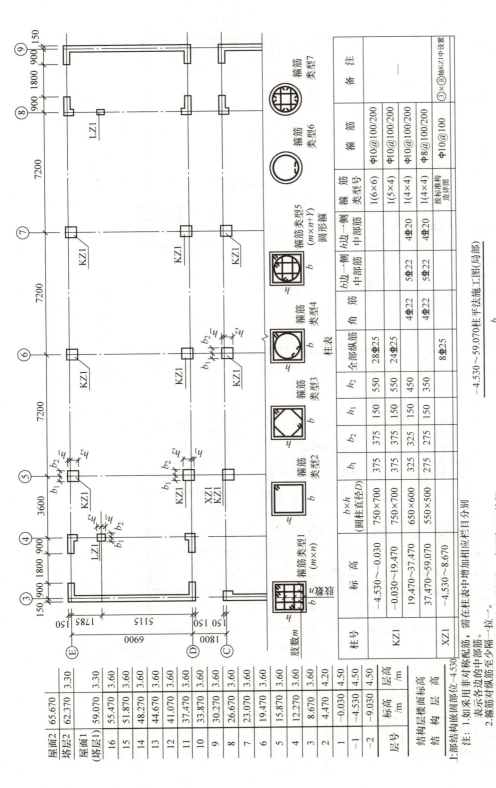

图 3-4 柱平法施工图列表注写方式

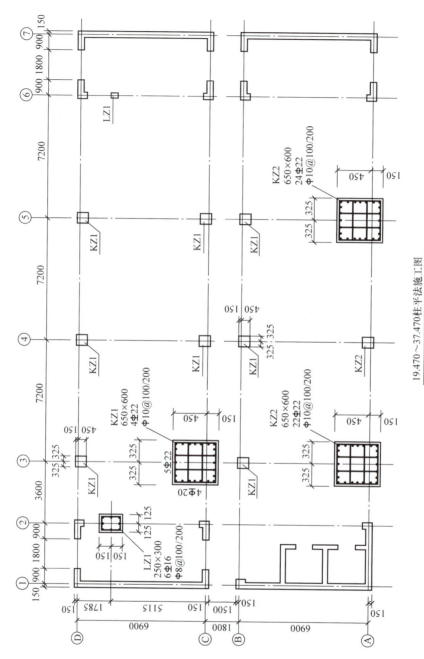

图 3-5 柱平法施工图截面注写方式

3.2 底层柱纵筋翻样

3.2.1 底层柱纵筋排布规则

一、基础插筋的位置及构造要求

基础插筋是指在浇筑基础前,根据柱纵筋的尺寸、数量将一段钢筋事先埋入基础内。基础插筋的根数、尺寸应与柱纵筋保持一致。为便于识图和翻样,基础插筋可分解为柱纵筋在基础内的锚固段(包括竖直段和弯折段)和非连接区。若为绑扎搭接,还需增加搭接段。

1. 柱纵筋在基础中的构造

柱纵筋在基础中的构造见图 3-6。

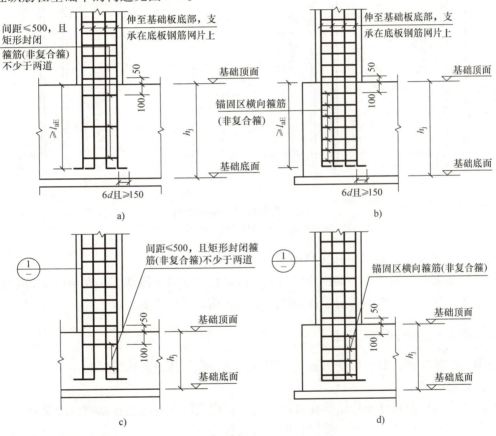

图 3-6 柱纵筋在基础中的构造
a) 保护层厚度 >5d,基础高度满足直锚 b) 保护层厚度 ≤5d,基础高度满足直锚
c) 保护层厚度 >5d,基础高度不满足直锚 d) 保护层厚度 ≤5d,基础高度不满足直锚

柱纵筋在基础内的锚固长度有以下两种情况:

① 基础高度 h_j 大于锚固长度 l_{aE},基础高度满足直锚时,柱插筋要伸到基础底板的钢筋网片上,再水平弯折 6d 且 ≥150mm,见图 3-6a、b。

② 基础高度 h_j 小于锚固长度 l_{aE},基础高度不满足直锚时,柱插筋在伸到基础底板的钢

筋网片上,竖直段长度为 $0.6l_{abE}$ 且 $\geq 20d$,再水平弯折 $15d$,见图 3-6c、d。

2. 非连接区柱纵筋构造

嵌固部位以上非连接区长度为 $\geq H_n/3$,其中 H_n 为柱净高(即层高减去柱顶梁高,首层层高从基础顶面算起),见图 3-7。当存在地下室时,基础顶面非连接区长度为 $\geq H_n/6$、$\geq h_c$(h_c 为柱截面长边尺寸)且 ≥ 500mm,见图 3-8。柱纵筋可在非连接区以外的任意位置连接,且相邻接头要相互错开。在柱插筋中,相对于竖向连接点位置较高的钢筋称为高位筋,相对于竖向连接点位置较低的钢筋称为低位筋。

3. 搭接段

当柱纵筋的连接方式为绑扎搭接时,搭接段的长度为 l_{lE},见图 3-7c 和图 3-8c。

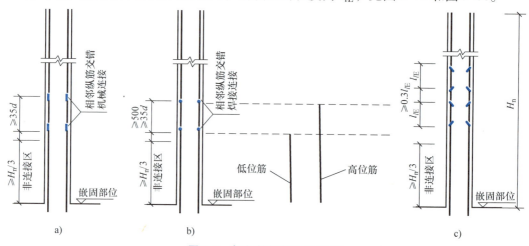

图 3-7 框架柱纵筋连接构造
a)机械连接 b)焊接连接 c)绑扎搭接

二、底层(基础相邻层)柱纵筋构造

底层柱施工时,以楼层为单位分段施工,所以柱纵筋也分段加工。底层柱纵筋指的是和柱插筋连接,且一直伸出到二层非连接区为止的纵筋,见图 3-8。

3.2.2 底层柱纵筋翻样方法

以绑扎搭接为例,对底层柱纵筋进行钢筋翻样,底层柱纵筋构造见图 3-9。

一、基础插筋

基础插筋低位筋长度 = 柱纵筋在基础内的弯折段长度 + 柱纵筋在基础内的竖直段长度 +
非连接区长度 + 搭接长度

基础插筋高位筋长度 = 柱纵筋在基础内的弯折段长度 + 柱纵筋在基础内的竖直段长度 +
非连接区长度 + 搭接长度 + 接头错开长度

上述公式中,各个量的取值如下。

① 柱纵筋在基础内的弯折段长度:当基础高度 h_j 满足锚固长度 l_{aE} 时,取 $6d$ 且 ≥ 150mm;当基础高度 h_j 不满足锚固长度 l_{aE} 时,取 $15d$。

② 柱纵筋在基础内的竖直段长度 = 基础底板厚度 - 基础保护层厚度 - 基础底板双向筋直径。

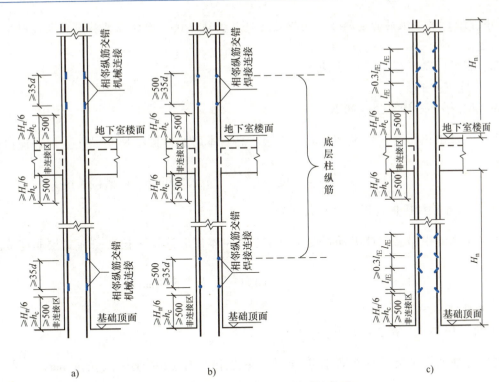

图 3-8 地下室框架柱纵筋连接构造
a) 机械连接 b) 焊接连接 c) 绑扎搭接

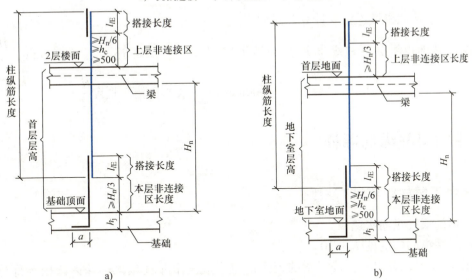

图 3-9 底层柱纵筋构造
a) 无地下室时 b) 有地下室时

③ 非连接区长度为 $\geqslant H_n/3$。

④ 搭接长度：当柱纵筋的连接方式为绑扎搭接时，为 l_{lE}。

⑤ 接头错开长度：对绑扎搭接，为 $1.3l_{lE}$；对机械连接，为 $35d$；对焊接连接，为 $\max(500\text{mm}, 35d)$。

【小提示】若柱纵筋的连接方式为焊接连接或机械连接，则在计算柱纵筋长度时不考虑搭接长度。

二、底层（基础相邻层）柱纵筋

1. 无地下室时

1）绑扎搭接。计算公式如下。

底层（基础相邻层）柱纵筋长度 = 首层层高 − 本层非连接区长度 $\dfrac{H_n}{3}$ + 上层非连接区长度 $\max(\dfrac{H_n}{6}, h_c, 500\text{mm})$ + 搭接长度 l_{lE}

2）焊接连接和机械连接。计算公式如下：

底层（基础相邻层）柱纵筋长度 = 首层层高 − 本层非连接区长度 $\dfrac{H_n}{3}$ + 上层非连接区长度 $\max(\dfrac{H_n}{6}, h_c, 500\text{mm})$

2. 有地下室时

1）绑扎搭接。计算公式如下。

底层（基础相邻层）柱纵筋长度 = 地下室层高 − 本层非连接区长度 $\max(\dfrac{H_n}{6}, h_c, 500\text{mm})$ + 上层非连接区长度 $\dfrac{H_n}{3}$ + 搭接长度 l_{lE}

2）焊接连接和机械连接。计算公式如下。

底层（基础相邻层）柱纵筋长度 = 地下室层高 − 本层非连接区长度 $\max(\dfrac{H_n}{6}, h_c, 500\text{mm})$ + 上层非连接区长度 $\dfrac{H_n}{3}$

3.3 中间层柱纵筋翻样

3.3.1 中间层柱纵筋排布规则

一、中间层柱纵筋构造

中间层柱纵筋构造见图 3-10。

由图 3-10 可以看出，在楼层梁的上下部位形成一个非连接区，该区段由 3 部分组成：梁底以下部分、梁中部分和梁顶以上部分。

① 梁底以下部分：非连接长度为 $\geq \dfrac{H_n}{6}$、$\geq h_c$、$\geq 500\text{mm}$ 中取大值，即 $\max(\dfrac{H_n}{6}, h_c, 500\text{mm})$。

② 梁中部分：非连接长度即为梁的截面高度。

③ 梁顶以上部分：非连接长度为 $\geq \dfrac{H_n}{6}$、$\geq h_c$、$\geq 500\text{mm}$ 中取大值，即 $\max(\dfrac{H_n}{6}, h_c,$

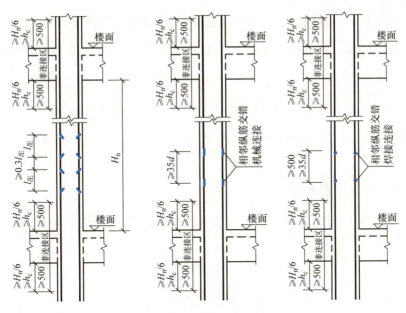

图 3-10 中间层柱纵筋构造示意图

500mm)。

二、中间层柱变截面构造要求

实际工程中,在满足受力要求的情况下,上部柱截面往往会发生变化,见图 3-11。

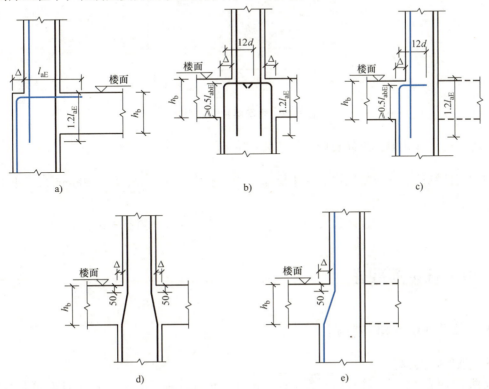

图 3-11 柱变截面位置纵筋构造

a) 柱变截面一侧无梁 b)、c) 柱变截面一侧有梁,且 $\Delta/h_b > 1/6$ d)、e) 柱变截面一侧有梁,且 $\Delta/h_b \leq 1/6$

由图 3-11 可以看出，柱变截面处纵筋的锚固与连接有下列情况：

① 当 $\Delta/h_b > \frac{1}{6}$ 时，上柱纵筋锚入下柱内 $1.2l_{aE}$，下柱纵筋伸至梁顶面竖向长度 $\geqslant 0.5l_{abE}$，再水平弯折 $12d$。

② 当 $\Delta/h_b \leqslant \frac{1}{6}$ 时，可采用弯折延伸至上柱后，在非连接区外连接。

③ 当中柱一侧收进时，能通长的纵筋在上柱连接，不能通长的纵筋按上述①的要求进行锚固。

3.3.2 中间层柱纵筋翻样方法

以绑扎搭接为例，对中间层柱纵筋进行翻样，中间层柱纵筋构造见图 3-12。

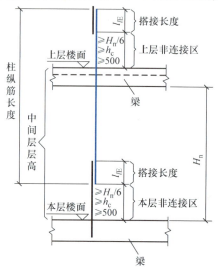

图 3-12 中间层柱纵筋构造

当柱无截面变化时，纵筋长度计算公式如下。

中间层柱纵筋长度 = 楼层层高 − 本层非连接区长度 $\max\left(\dfrac{H_n}{6}, h_c, 500\text{mm}\right)$ + 上层非连接区长度 $\max\left(\dfrac{H_n}{6}, h_c, 500\text{mm}\right)$ + 搭接长度

3.4 顶层柱纵筋翻样

3.4.1 顶层柱纵筋排布规则

一、顶层柱类型

根据平面位置不同，柱可以分为中柱、边柱、角柱 3 种，见图 3-13。对不同类型的柱，其纵筋伸到梁板的方式和长度也各不相同，以下将逐一介绍。

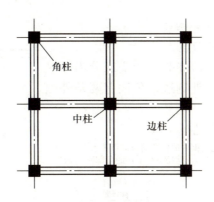

图 3-13 顶层柱的类型

二、顶层中柱纵筋构造

框架柱中柱柱顶纵筋有 4 种构造,在实际施工中,施工人员要根据各种构造所要求的条件具体选择,见图 3-14。

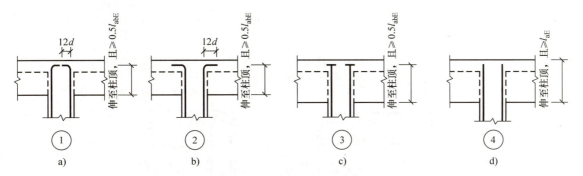

图 3-14 中柱柱顶纵筋构造

① 当柱纵筋直锚长度 $< l_{aE}$ 时,柱纵筋伸至柱顶后向内弯折 $12d$,但必须保证柱纵筋伸入梁内的长度 $\geq 0.5l_{abE}$,见图 3-14a。

② 当柱纵筋直锚长度 $< l_{aE}$,顶层为现浇混凝土板,且板厚 $\geq 100mm$ 时,柱纵筋伸至柱顶后向外弯折 $12d$,但必须保证柱纵筋伸入梁内的长度 $\geq 0.5l_{abE}$,见图 3-14b。

③ 伸至柱顶,且长度 $\geq 0.5l_{abE}$,加焊锚头,见图 3-14c。

④ 当柱纵筋直锚长度 $\geq l_{aE}$ 时,可以直接锚固至柱顶,见图 3-14d。

其中,图 3-14a、b 构造较相似,不同之处在于前者的柱纵筋弯钩向内,后者的柱纵筋弯钩向外。后者的做法更便捷,但柱顶必须有不小于 100mm 厚的现浇混凝土板。

【小提示】4 种构造的选择步骤:

① 判断柱顶是否采用机械锚固。当采用机械锚固时,选用图 3-14c 的构造,否则执行第②步。

② 判断梁高 – 保护层厚度 $\geq l_a$ 的条件是否满足。若满足要求,则选用图 3-14d 的构造,否则执行第③步。

③ 判断柱顶板厚是否不小于 100mm。若满足要求,则选用图 3-14b 的构造,否则执行第④步。

④ 柱顶纵筋选用图 3-14a 的构造。

三、顶层边柱和角柱纵筋构造

与中柱相比，顶层边柱和角柱的构造要区分内侧纵筋和外侧纵筋。边柱只有一条外侧边，角柱有两条外侧边，见图 3-15。

边柱和角柱柱顶纵筋构造见图 3-16。

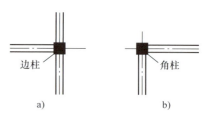

图 3-15 角柱和边柱示意图

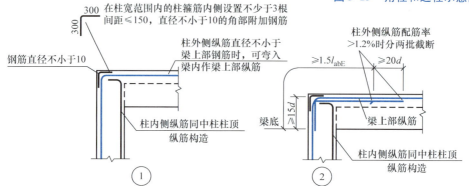

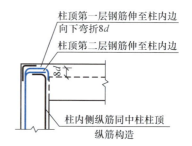

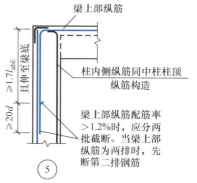

图 3-16 边柱和角柱柱顶纵筋构造

3.4.2 顶层柱纵筋翻样方法

一、顶层中柱纵筋翻样方法

由于纵筋在同一连接区段内有长短之分，为便于说明，分别称其为长筋和短筋。中柱柱顶纵筋构造见图 3-14 和图 3-17。

长筋长度 = 顶层层高 – 柱顶保护层厚度 – 本层柱下端非连接区长度 + 弯折长度

短筋长度 = 顶层层高 – 柱顶保护层厚度 – 本层柱下端非连接区长度 – 接头错开长度 + 弯折长度

上述公式中，各个量的取值如下：

① 本层柱下端非连接区长度为 $\max\left(\dfrac{H_n}{6}, h_c, 500\text{mm}\right)$。

② 接头错开长度：对绑扎搭接，取 $1.3l_{lE}$；对机械连接，取 $35d$；对焊接连接，取 $\max(500\text{mm}, 35d)$。

③ 弯折长度：$12d$。

【小提示】若柱顶纵筋采用直锚的方式，则计算时不考虑弯折长度。

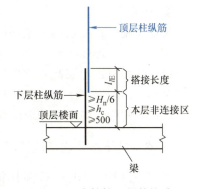

图 3-17 中柱柱顶纵筋构造

二、顶层边柱、角柱纵筋计算

由图 3-16 可知，图中的各个节点是配合使用的。下面以图 3-18 为例，介绍顶层边柱、角柱纵筋的计算。

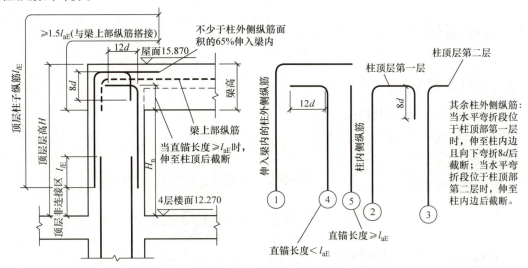

图 3-18 顶层边柱纵筋构造图（65%锚入梁内）

边柱外侧纵筋根数的 65% 为①号筋，另外 35% 为②号筋或③号筋（当外侧钢筋太密时，可以在第二层放置③号筋），④号筋和⑤号筋为内侧纵筋。

① 号筋

长筋长度 = 顶层层高 – 梁高 – 本层柱下端非连接区长度 + $1.5l_{abE}$

短筋长度 = 顶层层高 – 梁高 – 本层柱下端非连接区长度 + $1.5l_{abE}$ – 接头错开长度

上述公式中，各个量的取值如下。

① 本层柱下端非连接区长度为 $\max\left(\dfrac{H_n}{6}, h_c, 500\text{mm}\right)$。

② 接头错开长度：对绑扎搭接，取 $1.3l_{lE}$；对机械连接，取 $35d$；对焊接连接，取 $\max(500\text{mm}, 35d)$。

②号筋

长筋长度 = 顶层层高 – 梁保护层厚度 – 本层柱下端非连接区长度 + 柱宽 – 2 × 柱保护层厚度 + $8d$

短筋长度 = 顶层层高 – 梁保护层厚度 – 本层柱下端非连接区长度 + 柱宽 – 2 × 柱保护层厚度 + $8d$ – 接头错开长度

上述公式中，各个量的取值如下。

① 本层柱下端非连接区长度为 $\max\left(\dfrac{H_n}{6}, h_c, 500\text{mm}\right)$。

② 接头错开长度：对绑扎搭接，取 $1.3l_{lE}$；对机械连接，取 $35d$；对焊接连接，取 $\max(500\text{mm}, 35d)$。

③号筋与②号筋的主要区别是前者没有向下弯折 $8d$，其余下料方法同②号筋，此处不再赘述。

④号筋和⑤号筋可以按照顶层中柱纵筋进行下料，此处省略。

【小提示】上式中所有非连接区长度均取值 $\max\left(\dfrac{H_n}{6}, h_c, 500\text{mm}\right)$。

3.5 柱箍筋翻样

3.5.1 柱箍筋根数计算

一、基础内附加箍筋根数计算

基础内附加箍筋根数计算见图 3-6。

当基础插筋保护层厚度 > $5d$ 时

$$\text{基础内附加箍筋根数} = \max\left(2, \dfrac{\text{基础厚度} - \text{基础保护层厚度} - 100\text{mm}}{\text{间距}} + 1\right)$$

$$= \max\left(2, \dfrac{\text{基础厚度} - \text{基础保护层厚度} - 100\text{mm}}{500\text{mm}} + 1\right)$$

当基础插筋保护层厚度 ≤ $5d$ 时

$$\text{基础内附加箍筋根数} = \dfrac{\text{基础厚度} - \text{基础保护层厚度} - 100\text{mm}}{\text{间距}} + 1$$

$$= \dfrac{\text{基础厚度} - \text{基础保护层} - 100\text{mm}}{\min(10d, 100\text{mm})} + 1$$

二、柱身箍筋根数计算

1. 判断是否全高加密

在进行柱身箍筋根数计算前，须判断是否全高加密。判断条件如下。

1) 箍筋沿柱全高为一种加密间距,例如:Φ8@100。

2) $\dfrac{H_n}{h_c} \leq 4$

式中 H_n——柱净高(包括因嵌砌填充墙等形成的柱净高);

h_c——柱截面长边尺寸(对圆柱为截面直径)。

3) 加密区总长超过柱高(即节点高+上加密区长度+搭接区长度+下加密区长度≥柱高)。

只要满足上述任何一条,柱身箍筋均须按全高加密计算。

除具体工程设计标注有箍筋全高加密的柱外,柱箍筋加密区范围见图3-19。当柱箍筋采用搭接连接时,搭接区范围内箍筋间距不应大于100mm及$5d$(d为搭接钢筋最小直径)。

2. 把标准楼层柱身箍筋分为5个区段

在计算根数时,可将标准楼层柱身箍筋分为5个区段,见图3-20。

区段1:下加密区

柱身箍筋长度 = max $\left(\dfrac{H_n}{6}, h_c, 500\text{mm}\right)$ 或 $\dfrac{H_n}{3}$

柱身箍筋根数 = $\dfrac{\max\left(\dfrac{H_n}{6}, h_c, 500\text{mm}\right) - 50\text{mm}}{\text{加密区间距}} + 1$

区段2:搭接区

柱身箍筋长度 = $2.3l_{lE}$

柱身箍筋根数 = $\dfrac{2.3l_{lE}}{\text{间距}}$

= $\dfrac{2.3l_{lE}}{\min(5d, 100\text{mm})}$

区段3:上加密区

柱身箍筋长度 = max $\left(\dfrac{H_n}{6}, h_c, 500\text{mm}\right)$

柱身箍筋根数 = $\dfrac{\max\left(\dfrac{H_n}{6}, h_c, 500\text{mm}\right) - 50\text{mm}}{\text{加密区间距}} + 1$

区段4:梁高部位

柱身箍筋长度 = 梁高

柱身箍筋根数 = $\dfrac{\text{梁高} - 50\text{mm} \times 2}{\text{加密区间距}} + 1$

区段5:非加密区

柱身箍筋根数 = $\dfrac{\text{非加密区长度}}{\text{非加密区根数}} - 1$

标准楼层柱身箍筋总根数等于5个区段柱身箍筋根数之和。

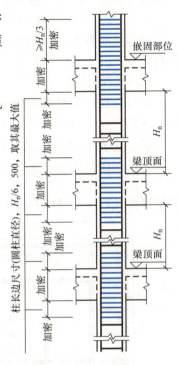

图3-19 柱箍筋加密区范围

3.5.2 柱箍筋长度计算

柱箍筋下料长度的计算公式为

柱箍筋下料长度 = 箍筋外皮尺寸 + $1.9d \times 2$ + max$(10d, 75) \times 2$

式中 $1.9d$——弯曲调整值（mm）；

max$(10d, 75)$——箍筋及拉结筋弯钩平直段长度（mm）。

以箍筋肢数 5×4 为例，计算柱箍筋下料长度，见图 3-21。

① 号箍筋长度
= $(b - 保护层厚度 \times 2) \times 2 + (h - 保护层厚度 \times 2) \times 2 + 1.9d \times 2 + \max(10d, 75\mathrm{mm}) \times 2$

② 号箍筋长度
= $\left(\dfrac{b - 保护层厚度 \times 2 - 2d - D}{4} + D + 2d\right) \times 2 + (h - 保护层厚度 \times 2) \times 2 + 1.9d \times 2 + \max(10d, 75\mathrm{mm}) \times 2$

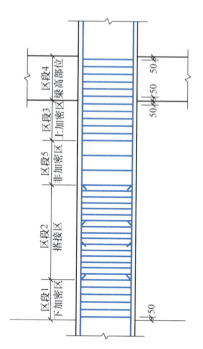

图 3-20 标准楼层柱身箍筋算法

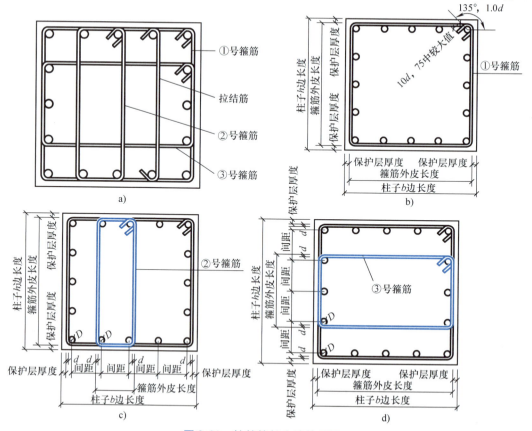

图 3-21 柱箍筋长度计算例图

a) 箍筋计算例图　b) ①号箍筋计算例图　c) ②号箍筋计算例图　d) ③号箍筋计算例图

③ 号箍筋长度 $= (b - 保护层厚度 \times 2) \times 2 + (\dfrac{h - 保护层厚度 \times 2 - 2d - D}{4} \times 2 + D + 2d) \times 2 + 1.9d \times 2 + \max(10d, 75\text{mm}) \times 2$

3.6 柱钢筋翻样实例

【例 3-1】 已知：某框架结构工程共三层，抗震等级为一级，采用绑扎搭接，首层层高为 4.6m，二、三层层高均为 3.5m。混凝土的强度等级为 C30，环境类别为一类，基础高度为 1.2m，基础底板双向筋直径均为 ⊈16，基础顶面标高为 -0.030m，框架梁高 650mm。KZ1 为某边柱，该柱的截面形式见图 3-22，轴线居中。

要求：试对该柱的基础插筋、首层至三层纵筋进行钢筋翻样。

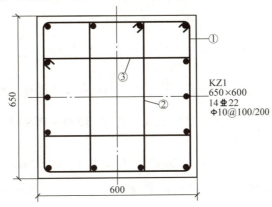

KZ1
650×600
14⊈22
Φ10@100/200

图 3-22 边柱截面形式

【解】

1. 基础插筋

基础插筋低位筋长度 = 柱纵筋在基础内的弯折段长度 + 柱纵筋在基础内的竖直段长度 + 非连接区长度 + 搭接长度

基础插筋高位筋长度 = 柱纵筋在基础内的弯折段长度 + 柱纵筋在基础内的竖直段长度 + 非连接区长度 + 搭接长度 + 接头错开长度

式中各个量的取值如下。

① 柱纵筋在基础内的弯折段长度：当基础高度 h_j 满足锚固长度 l_{aE} 时，取 $6d$ 和 150mm 中较大值；当基础高度 h_j 不满足锚固长度 l_{aE} 时，取 $15d$。

$l_{aE} = 40d = 40 \times 22\text{mm} = 880\text{mm} < h_j = 1200\text{mm}$，即基础高度满足锚固长度。

因此，柱纵筋在基础内的弯折段长度 = $\max(6d, 150\text{mm}) = 150\text{mm}$。

② 柱纵筋在基础内的竖直段长度 = 基础底板厚度 - 基础保护层厚度 - 基础底板双向筋直径
$= (1200 - 40 - 2 \times 16)\text{mm}$
$= 1128\text{mm}$

③ 非连接区长度 $= \dfrac{H_n}{3} = \dfrac{(4600 - 650)\text{mm}}{3} = 1317\text{mm}$

④ 搭接长度 $l_{lE} = 48d = 1056\text{mm}$

⑤ 接头错开长度 $= 1.3 l_{lE} = 1.3 \times 1056 \text{mm} = 1373 \text{mm}$

则

基础插筋低位筋长度 $=$ ①$+$②$+$③$+$④ $= (150+1128+1317+1056) \text{mm} = 3651 \text{mm}$

基础插筋高位筋长度 $=$ ①$+$②$+$③$+$④$+$⑤ $= (150+1128+1317+1056+1373) \text{mm} = 5024 \text{mm}$

2. 首层柱纵筋

首层柱纵筋长度 $=$ 楼层层高 $-$ 本层非连接区长度 $\dfrac{H_n}{3}$ $+$ 上层非连接区长度 $\max\left(\dfrac{H_n}{6}, h_c, 500 \text{mm}\right) +$ 搭接长度 l_{lE}

$$= \left[4600 - \dfrac{4600-650}{3} + \max\left(\dfrac{4600-650}{6}, 600, 500\right) + 48 \times 22\right] \text{mm}$$

$$= 4998 \text{mm}$$

3. 二层柱纵筋

二层柱纵筋长度 $=$ 二层层高 $-$ 二层非连接长度区长度 $\max\left(\dfrac{H_n}{6}, h_c, 500 \text{mm}\right) +$ 三层非连接区长度 $\max\left(\dfrac{H_n}{6}, h_c, 500 \text{mm}\right) +$ 搭接长度 l_{lE}

由于二、三层层高相等，因此二层柱纵筋长度 $= (3500 + 48 \times 22) \text{mm} = 4556 \text{mm}$。

4. 三层（顶层）柱纵筋

（1）**内侧纵筋** 由于 $l_{aE} = 33d = 726 \text{mm}$，且梁高 $h_b = 650 \text{mm}$，保护层厚度为 20mm，$h_b - c = 630 \text{mm} < l_{aE}$，因此该框架柱内侧纵筋采用弯锚形式，即内侧纵筋伸至梁顶且弯折 $12d$。其长度计算方法如下。

长筋长度 $=$ 顶层层高 $-$ 柱顶保护层厚度 $-$ 本层柱下端非连接区长度 $+$ 弯折长度

$$= \left[3500 - 20 - \max\left(\dfrac{3500-650}{6}, 600, 500\right) + 12 \times 22\right] \text{mm}$$

$$= 3144 \text{mm}$$

短筋长度 $=$ 顶层层高 $-$ 柱顶保护层厚度 $-$ 本层柱下端非连接区长度 $-$ 接头错开长度 $+$ 弯折长度

$$= \left[3500 - 20 - \max\left(\dfrac{3500-650}{6}, 600, 500\right) - 1.3 \times 48 \times 22 + 12 \times 22\right] \text{mm}$$

$$= 1771 \text{mm}$$

（2）**外侧纵筋** 边柱外侧纵筋采用全部锚入梁中 $1.5 l_{aE}$ 的构造要求。

长筋长度 $=$ 顶层层高 $-$ 梁高 $-$ 本层柱下端非连接区长度 $+ 1.5 l_{abE}$

$$= \left[3500 - 650 - \max\left(\dfrac{3500-650}{6}, 600, 500\right) + 1.5 \times 40 \times 22\right] \text{mm}$$

$$= 3570 \text{mm}$$

短筋长度 $=$ 顶层层高 $-$ 梁高 $-$ 本层柱下端非连接区长度 $+ 1.5 l_{abE} -$ 接头错开长度

$$= \left[3500 - 650 - \max\left(\dfrac{3500-650}{6}, 600, 500\right) + 1.5 \times 40 \times 22 - 1.3 \times 48 \times 22\right] \text{mm}$$

$$= 2198 \text{mm}$$

5. 箍筋

(1) 箍筋长度

①号箍筋长度 = 箍筋外皮尺寸 + 1.9d × 2 + max(10d, 75mm) × 2
= [(650 − 20 × 2 + 600 − 20 × 2) × 2 + 1.9 × 10 × 2 + 100 × 2]mm
= 2578mm

②号箍筋长度 = ($\frac{b - 保护层厚度 \times 2 - 2d - D}{4}$ + D + 2d) × 2 + (h − 保护层厚度 × 2) × 2 + 1.9d × 2 + max(10d, 75mm) × 2
= [($\frac{650 - 20 \times 2 - 2 \times 10 - 22}{4}$ + 22 + 2 × 10) × 2 + (600 − 20 × 2) × 2 + 1.9 × 10 × 2 + 100 × 2]mm
= 1726mm

③号箍筋长度 = (b − 保护层厚度 × 2) × 2 + ($\frac{h - 保护层厚度 \times 2 - 2d - D}{3}$ × 2 + D + 2d) × 2 + 1.9d × 2 + max(10d, 75mm) × 2
= [(650 − 20 × 2) × 2 + ($\frac{600 - 20 \times 2 - 2 \times 10 - 22}{3}$ × 2 + 22 + 2 × 10) × 2 + 1.9 × 10 × 2 + 100 × 2]mm
= 2233mm

(2) 箍筋根数

1) 基础内附加箍筋根数。基础插筋保护层厚度≤5d。

基础内附加箍筋根数 = $\frac{基础厚度 - 基础保护层厚度 - 100mm}{间距}$ + 1

= $\frac{基础厚度 - 基础保护层厚度 - 100mm}{\min(10d, 100mm)}$ + 1

= $\frac{1200 - 40 - 100}{\min(220, 100)}$ + 1

= 11.6（取12）

2) 柱身箍筋根数

① 首层：首先判断是否全高加密。

下加密区箍筋根数 = $\frac{\frac{H_n}{3} - 50mm}{加密区间距}$ + 1

= $\frac{\frac{4600 - 650}{3} - 50}{100}$ + 1

= 13.67（取14）

上加密区箍筋根数 = $\frac{\max(\frac{H_n}{6}, h_c, 500mm) - 50mm}{加密区间距}$ + 1

$$= \frac{\max\left(\frac{4600-650}{6},\ 650,\ 500\right) - 50}{100} + 1$$

$$= 7.08\ (取8)$$

搭接区根数 $= \dfrac{2.3 l_{lE}}{\min(5d,\ 100\text{mm})}$

$$= \frac{2.3 \times 48 \times 22}{\min(5 \times 22,\ 100)}$$

$$= 24.29\ (取25)$$

柱净高部分实际加密区长度 = 上加密区长度 + 下加密区长度 + 搭接区长度
$$= [(14-1) \times 100 + 50 + (8-1) \times 100 + 50 + 25 \times 100]\text{mm}$$

$$= 4600\text{mm} > (4600 - 650)\text{mm} = 3950\text{mm}$$

因此，柱全高加密。则

柱净高部分箍筋根数 $= \dfrac{4600 - 650 - 100}{100} + 1 = 39.5\ (取40)$

梁高部分箍筋根数 $= \dfrac{650 - 50 \times 2}{100} + 1 = 6.5\ (取7)$

首层柱箍筋根数 = 柱净高部分箍筋根数 + 梁高部分箍筋根数 = 40 + 7 = 47

② 二层：首先判断是否全高加密。

下加密区根数 = 上加密区根数 $= \dfrac{\max\left(\dfrac{H_n}{6},\ h_c,\ 500\text{mm}\right) - 50\text{mm}}{加密区间距} + 1$

$$= \frac{\max\left(\frac{3500-650}{6},\ 650,\ 500\right) - 50}{100} + 1$$

$$= 7.5\ (取8)$$

搭接区根数 $= \dfrac{2.3 l_{lE}}{\min(5d,\ 100\text{mm})}$

$$= \frac{2.3 \times 48 \times 22}{\min(5 \times 22,\ 100)}$$

$$= 24.29\ (取25)$$

柱净高部分实际加密区长度 = 上加密区长度 + 下加密区长度 + 搭接区长度
$$= \{[(8-1) \times 100 + 50] \times 2 + 25 \times 100\}\text{mm}$$

$$= 4000\text{mm} > (3500 - 650)\text{mm} = 2950\text{mm}$$

因此，柱全高加密。则

柱净高部分箍筋根数 $= \dfrac{3500 - 650 - 100}{100} + 1 = 28.5\ (取29)$

梁高部分箍筋根数 $= \dfrac{650 - 50 \times 2}{100} + 1 = 6.5\ (取7)$

二层柱箍筋根数 = 柱净高部分箍筋根数 + 梁高部分箍筋根数 = 36

③ 三层：首先判断是否全高加密。

因二层和三层层高相同，因此三层的判断方式同二层，需全高加密。

柱净高部分箍筋根数 = $\dfrac{3500-650-100}{100}+1 = 28.5$（取 29）

梁高部分箍筋根数 = $\dfrac{650-80}{100}+1 = 6.7$（取 7）

三层柱箍筋根数 = 柱净高部分箍筋根数 + 梁高部分箍筋根数 = 29 + 7 = 36

【小提示】理论上，框架结构封顶层柱最上一组箍筋离柱顶的距离是一个柱钢筋保护层厚度加柱钢筋直径，但实际绑扎过程中达不到这个效果，因为柱钢筋弯锚时弯折处增加了弧度。一般情况下，框架柱顶层柱最上一组箍筋离柱顶的距离约 8~10cm，此处取 80mm。

箍筋总根数 = 基础内附加箍筋根数 + 首层柱箍筋根数 + 二层柱箍筋根数 +
三层柱箍筋根数
= 12 + 47 + 36 + 36 = 131

【小提示】柱是否全高加密，并非必须根据实际加密区长度进行判断，也可直接根据加密区长度先进行估算。

柱钢筋配料单见表 3-2。

表 3-2 柱钢筋配料单

	序号	钢筋位置	简图	级别	直径/mm	下料长度/mm	根数	理论重量/kg
KZ1	1	基础插筋低位筋		⊕	22	3651	7	76.262
	2	基础插筋高位筋		⊕	22	5024	7	104.971
	3	首层柱纵筋		⊕	22	4998	14	208.796
	4	二层柱纵筋		⊕	22	4556	7	95.166
	5	三层内侧纵筋长筋		⊕	22	3144	7	65.672
	6	三层内侧纵筋短筋		⊕	22	1771	14	73.985
	7	三层外侧纵筋长筋		⊕	22	3570	7	74.570
	8	三层外侧纵筋短筋		⊕	22	2197	7	45.912

（续）

序号	钢筋位置	简图	级别	直径/mm	下料长度/mm	根数	理论重量/kg
KZ1	9	①号箍筋	Φ	10	2578	131	208.372
	10	②号箍筋	Φ	10	1726	131	139.507
	11	③号箍筋	Φ	10	2233	131	145.731
合计			⏀22：561.825kg　Φ10：493.610kg				

本章练习题

1. 柱有几种编号？各自代表的意义是什么？

2. 什么叫角筋？什么叫中部钢筋？

3. 什么是嵌固部位？16G101 图集中对柱的嵌固部位有哪些规定？

4. 对顶层中柱进行钢筋翻样，当直锚长度≥l_{aE}时，长、短筋的计算公式有无其他表达方式？若有，怎么表达？

5. 某地下室层高为 4.1m，地下室下是正筏板基础，基础主梁的截面尺寸为 700mm×900mm，下部纵筋为 8⏀22。筏板的厚度为 500mm，筏板纵筋都是⏀18@200，地下室的抗震框架柱 KZ1 的截面尺寸为 750mm×700mm，柱纵筋为 22⏀22，混凝土强度为 C30，抗震等级为二级。地下室顶板框架梁的截面尺寸为 300mm×700mm，上一层框架梁的截面尺寸为 300mm×700mm。试计算该地下室的框架柱纵筋长度。

6. 某工程有地下一层，地上四层，其中 KZ1 为某框架角柱，采用 C30 混凝土，抗震等级为二级，环境类别为二 a。钢筋采用焊接方式连接，基础高度为 820mm，基础梁顶标高为 -3.200m，基础底板顶标高为 -3.800m，框架梁截面尺寸为 600mm×600mm。角柱 KZ1 的截面示意图见图 3-23，轴线居中。试计算 KZ1 的全部钢筋。

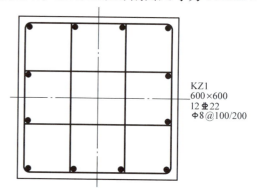

图 3-23　角柱截面示意图

第4章 剪力墙钢筋翻样

 本章知识体系（图 4-1）

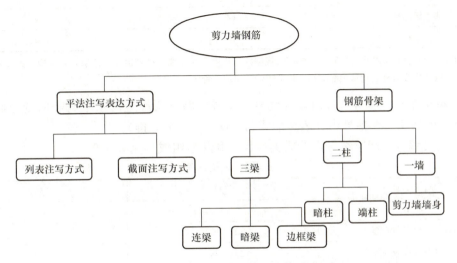

图 4-1　剪力墙钢筋知识体系

 本章学习目标

1. 准确识读剪力墙结构配筋图。
2. 准确完成剪力墙结构钢筋的放样计算，并形成钢筋下料单。

4.1　剪力墙平法识图

剪力墙平法施工图是在剪力墙平面布置图上采用列表注写方式或截面注写方式表达。

在剪力墙平法施工图中，除了用表格或者其他方式注明各结构层的楼面标高、结构层高及相应的结构层号外，还应注明上部结构嵌固位置。

4.1.1　列表注写方式

为表达清楚、简便，剪力墙可视为由剪力墙柱、剪力墙身和剪力墙梁 3 类构件构成。

剪力墙列表注写方式是指分别在剪力墙柱表、剪力墙身表和剪力墙梁表中，对应于剪力墙平面布置图上的编号，用绘制截面配筋图并注写几何尺寸与配筋具体数值的方式来表达剪力墙平法施工图。

1. 剪力墙编号

剪力墙按剪力墙柱、剪力墙身、剪力墙梁（分别简称墙柱、墙身、墙梁）3 类构件分别编号。

（1）墙柱编号　墙柱编号由墙柱类型代号和序号组成，见表 4-1。

表 4-1　墙柱编号

墙柱类型	代号	序号
约束边缘构件	YBZ	××
构造边缘构件	GBZ	××
非边缘暗柱	AZ	××
扶壁柱	FBZ	××

注：约束边缘构件包括约束边缘暗柱、约束边缘端柱、约束边缘翼墙、约束边缘转角墙 4 种；构造边缘构件包括构造边缘暗柱、构造边缘端柱、构造边缘翼墙、构造边缘转角墙 4 种。

（2）墙身编号　墙身编号由墙身代号、序号、墙身所配置的水平与竖向分布筋的排数组成，其中排数注写在括号内，表达形式为：Q×× （××排）。

（3）墙梁编号　墙梁编号由墙梁类型代号和序号组成，见表 4-2。

表 4-2　墙梁编号

墙梁类型	代号	序号
连梁	LL	××
连梁（对角暗撑配筋）	LL（JC）	××
连梁（交叉斜筋配筋）	LL（JX）	××
连梁（集中对角斜筋配筋）	LL（DX）	××
连梁（跨高比不小于 5）	LLK	××
暗梁	AL	××
边框梁	BKL	××

2. 剪力墙表的内容

（1）剪力墙柱表的内容

1）注写墙柱编号，绘制该墙柱的截面配筋图，标注墙柱几何尺寸。

① 约束边缘构件需要注明阴影部分尺寸。

② 构造边缘构件需要注明阴影部分尺寸。

③ 非边缘暗柱、扶壁柱需标注几何尺寸。

【小提示】剪力墙平面布置图中应注明约束边缘构件沿墙肢长度 L_c（约束边缘翼墙中，沿墙肢长度为 $2b_f$ 时可不注）。

2）注写各段墙柱的起止标高。自墙柱根部往上，以变截面位置或截面未变但配筋改变处为界，分段注写。墙柱根部标高一般指基础顶面标高（对部分框支剪力墙结构，则为框支梁顶面标高）。

3)注写各段墙柱的纵筋和箍筋。注写值应与在表中绘制的截面配筋图对应一致。墙柱纵筋注写总配筋值;墙柱箍筋的注写方式与柱箍筋相同。

(2)剪力墙身表的内容

1)注写墙身编号(包括水平与竖向分布筋的排数),例如:Q2(2排)。

2)注写各段墙身的起止标高。自墙身根部往上,以变截面位置或截面未变但配筋改变处为界,分段注写。墙身根部标高是指基础顶面标高(对框支剪力墙结构,则为框支梁顶面标高)。

3)注写水平分布筋、竖向分布筋和拉结筋的具体数值。注写数值为一排水平分布筋和竖向分布筋的规格与间距,具体设置几排已经在墙身编号后面表达。拉结筋应注明布置方式"矩形"或"梅花"布置,用于剪力墙分布筋的拉结。

(3)剪力墙梁表的内容

1)注写墙梁编号。

2)注写墙梁所在楼层号。

3)注写墙梁顶面标高高差。墙梁顶面标高高差是指相对于墙梁所在结构层楼面标高的高差值,高于结构层楼面标高时为正值,低于结构层楼面标高时为负值,无高差时不注。

4)注写墙梁截面尺寸 $b \times h$,以及上部纵筋、下部纵筋、箍筋的具体数值。

用列表注写方式表达的剪力墙柱、墙身、墙梁平法施工图见图4-2。

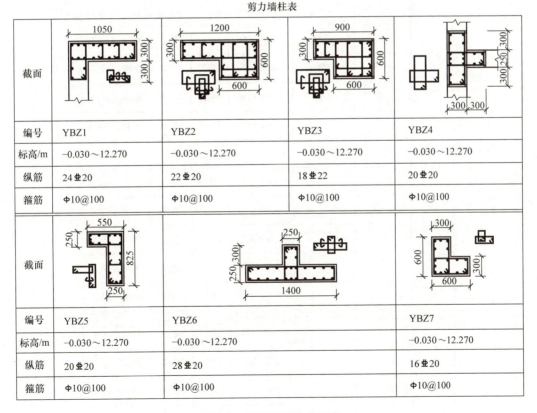

图4-2 剪力墙平法施工图

剪力墙身表

编号	标高/m	墙厚/mm	水平分布筋	垂直分布筋	拉筋(矩形)
Q1	−0.030~30.270	300	⏀12@200	⏀12@200	⏀6@600@600
Q1	30.270~59.070	250	⏀10@200	⏀10@200	⏀6@600@600
Q2	−0.030~30.270	250	⏀10@200	⏀10@200	⏀6@600@600
Q2	30.270~59.070	200	⏀10@200	⏀10@200	⏀6@600@600

剪力墙梁表

编号	所在楼层号	梁顶相对标高高差/m	梁截面尺寸($b \times h$)/mm	上部纵筋	下部纵筋	箍筋
LL1	2~9	0.800	300×2000	4⏀25	4⏀25	⏀10@100(2)
LL1	10~16	0.800	250×2000	4⏀22	4⏀22	⏀10@100(2)
LL1	屋面1		250×1200	4⏀20	4⏀20	⏀10@100(2)
LL2	3	−1.200	300×2520	4⏀25	4⏀25	⏀10@150(2)
LL2	4	−0.900	300×2070	4⏀25	4⏀25	⏀10@150(2)
LL2	5~9	−0.900	300×1770	4⏀25	4⏀25	⏀10@150(2)
LL2	10~屋面1	−0.900	250×1770	4⏀22	4⏀22	⏀10@150(2)
LL3	2		300×2070	4⏀25	4⏀25	⏀10@100(2)
LL3	3		300×1770	4⏀25	4⏀25	⏀10@100(2)
LL3	4~9		300×1170	4⏀25	4⏀25	⏀10@100(2)
LL3	10~屋面1		250×1170	4⏀22	4⏀22	⏀10@100(2)
LL4	2		250×2070	4⏀20	4⏀20	⏀10@120(2)
LL4	3		250×1770	4⏀20	4⏀20	⏀10@120(2)
LL4	4~屋面1		250×1170	4⏀20	4⏀20	⏀10@120(2)
AL1	2~9		300×600	3⏀20	3⏀20	⏀8@150(2)
AL1	10~16		250×500	3⏀18	3⏀18	⏀8@150(2)
BKL1	屋面1		500×750	4⏀22	4⏀22	⏀10@150(2)

图 4-2 剪力墙平法施工图（续）

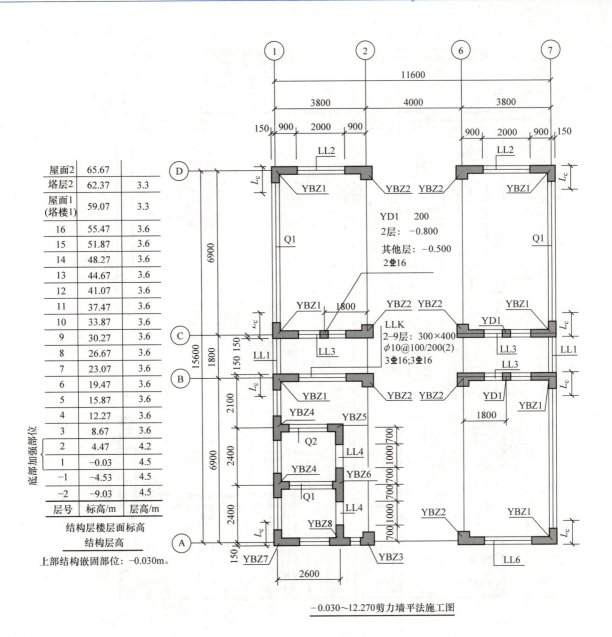

图 4-2 剪力墙平法施工图（续）

4.1.2 截面注写方式

剪力墙截面注写方式是指在分标准层绘制的剪力墙平面布置图上，以直接在墙柱、墙身、墙梁上注写截面尺寸和配筋具体数值的方式来表达剪力墙平法施工图，见图 4-3。

剪力墙截面注写方式应符合以下规定：

① 从相同编号的墙柱中选择一根墙柱，注明几何尺寸，标注全部纵筋及箍筋的具体数值。约束边缘构件除需注明阴影部分具体尺寸外，还需注明沿墙肢长度 l_c，约束边缘翼墙的

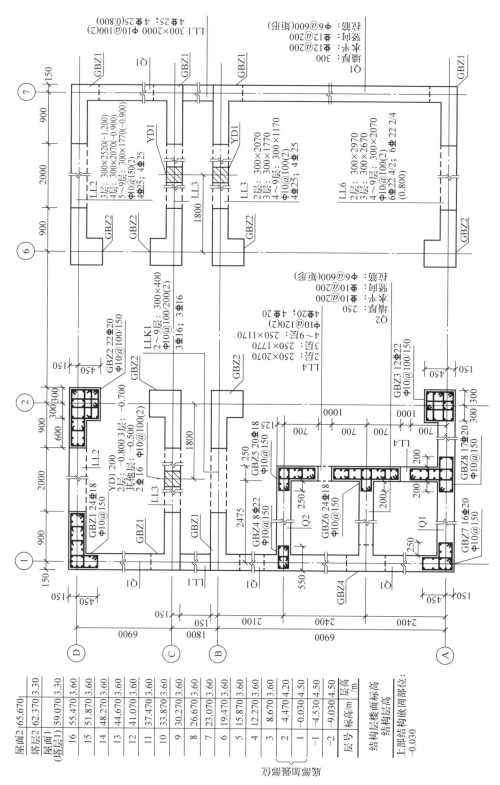

图 4-3 剪力墙截面注写示例

沿墙肢长度为 $2b_f$ 时可不注。

② 从相同编号的墙身中选择一道墙身，按顺序引注的内容为：墙身编号（应包括墙身所配置的水平与竖向分布筋的排数），墙厚尺寸，水平分布筋、竖向分布筋和拉结筋的具体数值。

③ 从相同编号的墙梁中选择一根墙梁，按顺序引注相关内容。

4.1.3　剪力墙洞口的表达方法

无论采用列表注写方式还是截面注写方式，剪力墙上的洞口均可在剪力墙平面布置图上原位表达。剪力墙洞口的具体表达方法如下：

1）在剪力墙平面布置图上绘制洞口示意图，并标注洞口中心的平面定位尺寸。

2）在洞口中心位置引注洞口编号、洞口几何尺寸、洞口中心相对标高和洞口每边补强钢筋 4 项内容。

① 洞口编号。矩形洞口为 JD××，圆形洞口为 YD××，其中××为序号。

② 洞口几何尺寸。矩形洞口为洞口宽度×洞口高度（$b \times h$），圆形洞口为洞口直径 D。

③ 洞口中心相对标高。即洞口中心相对于结构层楼（地）面标高的高度。当其高于结构层楼（地）面时为正值，低于结构层楼（地）面时为负值。

④ 洞口每边补强钢筋。具体规定如下：

a. 当矩形洞口的宽、高均不大于 800mm 时，此项注写为洞口每边补强钢筋的具体数值。当洞宽、洞高方向的补强钢筋不一致时，应分别注写，以"/"分隔。

b. 当矩形洞口的洞宽或圆形洞口的直径大于 800mm 时，在洞口的上下需设置补强暗梁，此项注写为洞口上下每边暗梁的纵筋与箍筋的具体数值（在标准构造图中，补强暗梁梁高一律定为 400mm，施工时按照构造图取值，设计不注；当设计者采用与该构造图不同的做法时，应另行注明）；圆形洞口还需注明环向加强钢筋的具体数值。当洞口上下边为剪力墙连梁时，此项免注。洞口竖向两侧设置边缘构件时，也不在此项表达（当洞口两侧不设置边缘构件时，设计者应给出具体做法）。

c. 当圆形洞口设置在连梁中部 1/3 范围内，且洞口直径不大于 1/3 梁高时，需注写洞口上下水平设置的每边补强纵筋与箍筋的具体数值。

d. 当圆形洞口设置在墙身、暗梁、边框梁位置，且洞口直径不大于 300mm 时，此项注写洞口上、下、左、右每边布置的补强纵筋的具体数值。

e. 当圆形洞口直径大于 300mm，但不大于 800mm 时，此项注写为洞口上、下、左、右每边布置的补强纵筋的具体数值，以及环向加强钢筋的具体数值。

4.2　剪力墙钢筋排布规则

不同情况下，剪力墙的构成不同。纯剪力墙配筋示意见图 4-4；有门的剪力墙配筋示意见图 4-5；有门窗的剪力墙配筋示意见图 4-6；有门窗及暗柱的剪力墙配筋示意见图 4-7；有门窗、暗柱及连梁的剪力墙配筋示意见图 4-8。

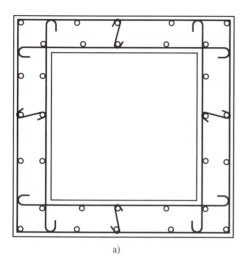
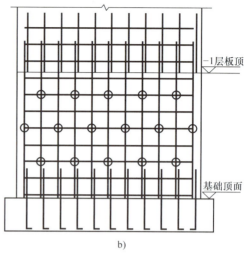

图 4-4 纯剪力墙配筋示意图
a) 配筋平面图　b) 配筋立面图

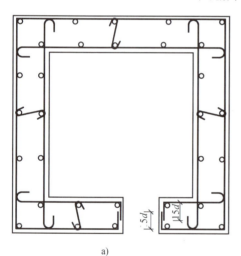
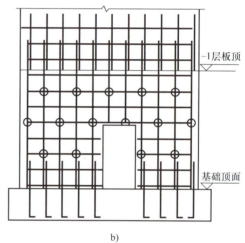
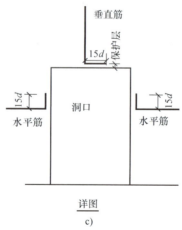

图 4-5 有门的剪力墙配筋示意图
a) 配筋平面图　b) 配筋立面图　c) 洞口配筋详图

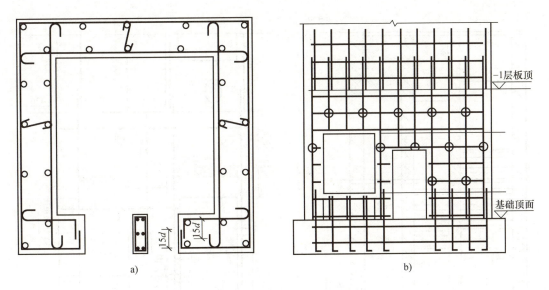

图 4-6 有门窗的剪力墙配筋示意图
a) 配筋平面图　b) 配筋立面图

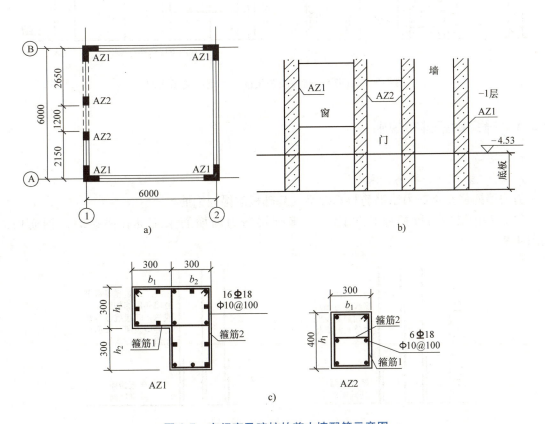

图 4-7 有门窗及暗柱的剪力墙配筋示意图
a) 配筋平面图　b) 暗柱立面图　c) 暗柱剖面图

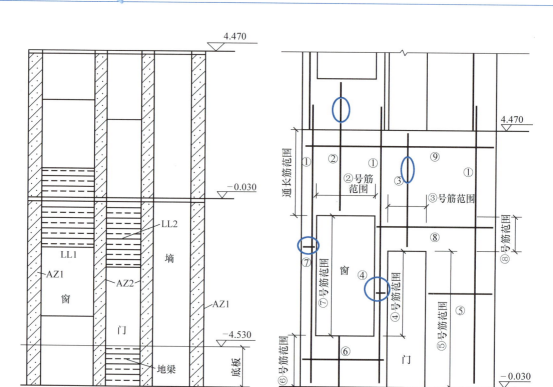

图 4-8 有门窗、暗柱及连梁的剪力墙配筋示意图

4.2.1 墙身钢筋排布规则

一、竖筋

1. 基础层剪力墙插筋计算

剪力墙插筋是指剪力墙钢筋与基础梁或基础板的锚固钢筋。

（1）基础层剪力墙插筋长度计算 基础层剪力墙插筋采用绑扎搭接时，钢筋构造见图 4-9。

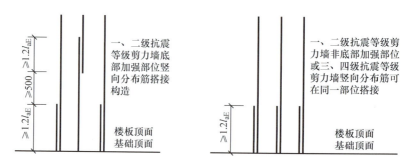

图 4-9 基础层剪力墙插筋采用绑扎搭接构造图

基础层剪力墙插筋采用机械连接或焊接时，钢筋构造见图 4-10，长度计算公式如下：

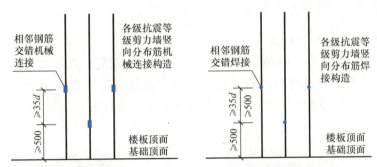

图 4-10 基础层剪力墙插筋采用机械连接或焊接构造图

基础层剪力墙插筋长度 = 弯折长度 + 锚固竖直长度 + 搭接长度 $1.2l_{aE}$ 或非连接区长度 500mm

当采用机械连接时,钢筋搭接长度可忽略不计,基础层剪力墙插筋长度计算公式如下:
基础层剪力墙插筋长度 = 弯折长度 + 锚固竖直长度 + 钢筋伸出基础长度(500mm)

【小提示】在计算钢筋重量时,一般不考虑钢筋错层搭接问题,因为错层搭接对钢筋总重量没有影响。

(2)基础层剪力墙插筋根数计算 插筋与暗柱边缘间的距离为竖筋间距的一半。

$$基础层剪力墙插筋根数 = \frac{墙净长 - 2 \times \frac{插筋距离}{2}}{插筋间距} - \left(墙净长 - 两端暗柱截面长 - 2 \times \frac{插筋间距}{2}\right)$$

2. 中间层剪力墙竖筋计算

中间层剪力墙竖筋布置分为无洞口和有洞口两种情况。

① 剪力墙无洞口时,其钢筋布置见图 4-4。

中间层剪力墙竖筋长度 = 层高 + 搭接长度 $1.2l_{aE}$

② 剪力墙有洞口时,墙身竖筋在洞口上下两边截断,分别弯折 15d,见图 4-5 和图 4-6。

中间层剪力墙竖筋长度 = 该层内钢筋净长 + 弯折长度 15d + 搭接长度 $1.2l_{aE}$

3. 顶层剪力墙竖筋计算

顶层剪力墙竖筋应在板中进行锚固,见图 4-11。

顶层剪力墙竖筋长度 = 层高 − 板厚 + 锚固长度

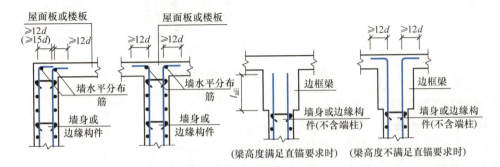

图 4-11 顶层剪力墙竖筋构造图

注:括号内数值是考虑屋面板上部钢筋与剪力墙外侧竖筋传力搭接时的做法。

二、水平筋

1. 基础层剪力墙水平筋计算

基础层剪力墙水平筋分为内侧钢筋、中间钢筋和外侧钢筋。内侧钢筋在剪力墙转角处搭接,外侧钢筋在转角处可以连续通过,也可以断开搭接。当剪力墙端部(以下简称墙端)为暗柱时,其水平筋端部做法见图4-12。墙端为暗柱和端柱时,钢筋长度及根数的计算方法如下。

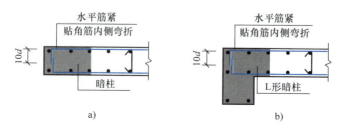

图4-12 剪力墙水平筋端部做法

a)墙端有暗柱 b)墙端有L形暗柱

1)墙端为暗柱时

① 外侧钢筋连续通过,见图4-13。

外侧钢筋长度 = 墙长 − 2×保护层厚度

内侧钢筋长度 = 墙长 − 2×保护层厚度 + 2×弯折长度

水平筋根数 = $\dfrac{层高}{间距}$ + 1(暗梁、连梁墙身水平筋照设)

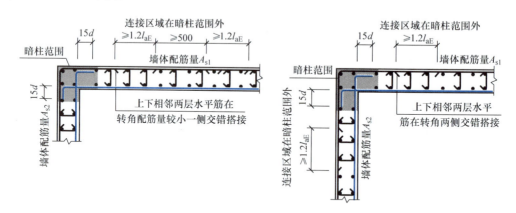

图4-13 转角墙水平筋构造

② 外侧钢筋断开搭接,见图4-14。

外侧钢筋长度 = 墙长 − 保护层厚度 + $0.8l_{aE}$

内侧钢筋长度 = 墙长 − 保护层厚度 + 弯折长度

水平筋根数 = 层高/间距 + 1(暗梁、连梁墙身水平筋照设)

2)墙端为端柱时

① 外侧钢筋连续通过。钢筋长度的计算公式如下。

外侧钢筋长度 = 墙净长 − 2×保护层厚度

内侧钢筋长度 = 墙净长 + 锚固长度（弯锚、直锚）

【小提示】图集中没有连通的情况，因为考虑实际施工时，为便于施工，尽量断开，不考虑连通。

② 外侧钢筋断开搭接，见图 4-15。

外侧钢筋长度 = 墙净长 + 端柱截面长度（$\geq 0.6l_{abE}$）- 保护层 + 15d

内侧钢筋长度 = 墙净长 + 端柱截面长度（$\geq 0.6l_{abE}$）- 保护层 + 15d

水平筋根数 = $\dfrac{层高}{间距}$ + 1（暗梁、连梁墙身水平筋照设）

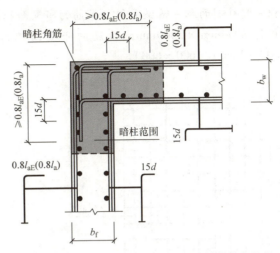

图 4-14 转角墙水平筋构造（外侧筋在转角处）

【小提示】① 若剪力墙存在多排垂直筋和水平筋，则其中间水平筋在拐角处的锚固措施同该墙的内侧水平筋。

② 伸至端柱外边的竖筋内侧弯折，当伸入端柱的尺寸满足直锚要求时，可不设弯折端。

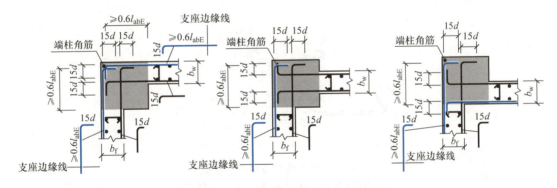

图 4-15 端柱转角墙配筋示意图

2. 中间层剪力墙水平筋计算

当剪力墙无洞口时，中间层剪力墙水平筋的设置与基础层相同，钢筋长度计算也与基础层相同。当剪力墙有洞口时，墙身水平筋在洞口左右两边截断，分别向下弯折 15d，见图 4-5。

洞口水平长度 = 该层内钢筋净长 + 弯折长度 15d

3. 顶层剪力墙水平筋计算

顶层剪力墙水平筋的设置和钢筋长度计算同中间层剪力墙。

三、剪力墙拉筋

剪力墙拉筋的排布设置有梅花形、矩形两种形式。剪力墙拉筋排布构造见图 4-16。

剪力墙拉筋长度 = 墙厚 - 保护层厚度 + 弯钩长度

剪力墙拉筋根数 = $\dfrac{墙净面积}{拉筋的布置面积}$

【小提示】墙净面积要扣除暗（端）柱、暗（连）梁，即墙净面积 = 墙面积 - 门洞总面积－暗柱剖面积－暗梁面积。拉筋的布置面积是指其横向间距×竖向间距。例如：当墙净面积为 8000mm × 3840mm，拉筋的布置面积为 600mm × 600mm 时，拉筋根数可表示为 (8000 × 3840)/(600 × 600)。

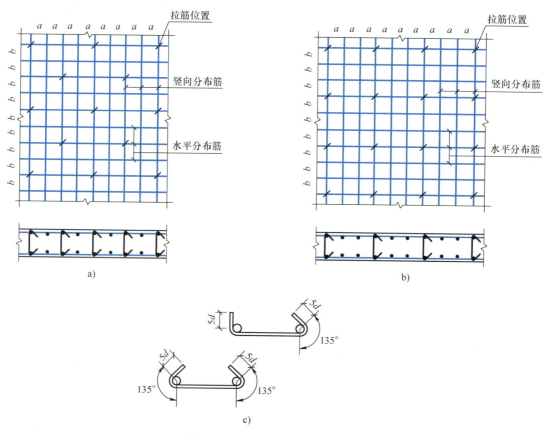

图 4-16 剪力墙拉筋排布构造图
a) 梅花形排布 b) 矩形排布 c) 拉筋构造

4.2.2 墙柱钢筋排布规则

一、暗柱纵筋计算

1. 基础层剪力墙暗柱插筋

（1）基础层剪力墙暗柱插筋长度计算 基础层剪力墙暗柱插筋是剪力墙暗柱钢筋与基础梁或基础板的锚固钢筋，包括垂直长度和锚固长度两个部分，剪力墙暗柱基础插筋采用绑扎搭接时，基础层剪力墙暗柱插筋长度与墙身钢筋相同。

基础层剪力墙暗柱插筋长度 = 弯折长度 + 锚固竖直长度 + 搭接长度 $1.2l_{aE}$

当采用机械连接时，钢筋搭接长度不计，基础层剪力墙暗柱插筋长度为

基础层剪力墙暗柱插筋长度 = 弯折长度 + 锚固竖直长度 + 钢筋伸出基础长度 500mm

（2）基础层剪力墙暗柱插筋根数计算 基础层剪力墙暗柱插筋布置在剪力墙暗柱内。基础层剪力墙暗柱插筋根数可以从图纸上数出，总根数 = 暗柱的数量 × 每根暗柱插筋的根数。

2. 中间层剪力墙暗柱纵筋

中间层剪力墙暗柱纵筋布置在剪力墙暗柱内，钢筋连接方法分为绑扎搭接和机械连接两

种。HPB300 钢筋端头加 180°的弯钩，受拉钢筋直径不小于 25mm，受压钢筋直径大于 28mm 时采用机械连接。采用绑扎搭接时，应在柱纵筋搭接长度范围内按≤5d 及≤100mm 的间距加密箍筋。

（1）中间层剪力墙暗柱纵筋长度计算　计算公式为：

绑扎搭接的中间层剪力墙暗柱纵筋长度 = 层高 + 深入上层的搭接长度

（2）中间层剪力墙暗柱纵筋根数计算　与基础层插筋根数的计算相同。

3. 顶层剪力墙暗柱纵筋

钢筋在屋面板中的锚固见图 4-11。

顶层剪力墙暗柱纵筋长度 = 顶层净高 − 板厚 + 顶层锚固长度

对端柱，顶层锚固除了要区分边、中、角柱外，还要区分外侧钢筋和内侧钢筋。因为端柱可以看作框架柱，所以其锚固也与框架柱相同。

二、暗柱箍筋计算

暗柱箍筋的长度及根数计算在本书第 3 章已介绍过，此处不再赘述。

4.2.3　剪力墙连梁钢筋排布规则

剪力墙墙梁包括连梁、暗梁、边框梁、有交叉暗撑连梁、有交叉钢筋连梁等，见图 4-17。这里主要介绍连梁钢筋排布规则。

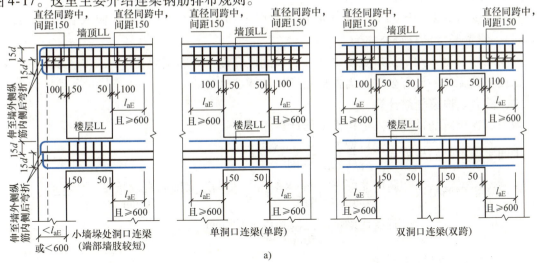

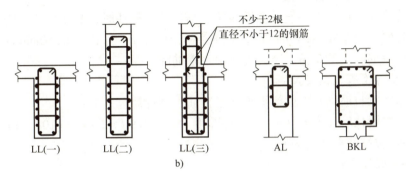

图 4-17　剪力墙墙梁 LL、AL、BKL 配筋构造

a）连梁 LL 配筋构造　b）连梁、暗梁和边框梁侧面纵筋和拉结筋构造

一、剪力墙连梁纵筋计算

1. 墙端洞口连梁纵筋计算

墙端洞口连梁见图 4-17。

当端部小墙肢的长度满足直锚时,纵筋可以直锚。其计算公式为

连梁纵筋长度 = 洞口宽度 + 右边锚固长度 $\max(l_{aE}, 600\text{mm})$

当端部小墙肢的长度无法满足直锚时,必须将纵筋伸至小墙肢纵筋内侧再弯折,弯折长度为 $15d$。其计算公式为

连梁纵筋长度 = 洞口宽度 + 右边锚固长度 $\max(l_{aE}, 600\text{mm})$ + 左支座锚固墙肢宽度 − 保护层厚度 + $15d$

纵筋根数无统一计算公式,需根据图纸标注才能计算。

2. 单洞口连梁纵筋计算

单洞口顶层连梁和中间层连梁纵筋在剪力墙中均采用直锚,两边各伸入墙中 $\max(l_{aE}, 600\text{mm})$。纵筋长度的计算公式为

连梁纵筋长度 = 洞口宽度 + 左右锚固长度 $\max(l_{aE}, 600\text{mm}) \times 2$

纵筋根数无统一计算公式,需根据图纸标注才能计算。

3. 双洞口连梁纵筋计算

双洞口顶层连梁和中间层连梁纵筋在剪力墙中均采用直锚,两边各伸入墙中 $\max(l_{aE}, 600\text{mm})$。纵筋长度的计算公式为

连梁纵筋长度 = 两个洞口宽度之和 + 洞口间墙宽度 + 左右锚固长度 $\max(l_{aE}, 600\text{mm}) \times 2$

纵筋根数无统一计算公式,需根据图纸标注才能计算。

二、剪力墙连梁箍筋计算

剪力墙连梁箍筋计算与其他构件箍筋计算相同。

$$中间层连梁箍筋根数 = \frac{洞口宽度 - 50\text{mm} \times 2}{箍筋配置间距} + 1$$

$$顶层连梁箍筋根数 = \frac{洞口宽度 - 50\text{mm} \times 2}{箍筋配置间距} + 1 + \frac{左端连梁锚固直段长度 - 100\text{mm}}{150\text{mm}} + 1 + \frac{右端连梁锚固直段长度 - 100\text{mm}}{150\text{mm}} + 1$$

三、剪力墙连梁拉筋计算

剪力墙连梁拉筋应按照设计图纸布置。当设计未标注时,侧面构造纵筋与剪力墙水平分布筋布置相同。当梁宽 ≤350mm 时,拉筋直径为 6mm;当梁宽 >350mm 时,直径为 8mm;拉筋间距为箍筋间距的 2 倍,竖向沿侧面水平筋隔一拉一。

1. 剪力墙连梁拉筋长度计算

剪力墙连梁拉筋同时勾住梁纵筋和梁箍筋,其计算公式为:

剪力墙连梁拉筋长度 = $(b - 保护层厚度 \times 2) + 1.9d \times 2 + \max(10d, 75\text{mm}) \times 2$

式中 d——拉结筋直径(mm);

b——梁宽(mm)。

2. 剪力墙连梁拉筋根数计算

剪力墙连梁拉筋根数 = 剪力墙连梁拉筋排数 × 每排拉筋根数

剪力墙连梁拉筋排数 = [(连梁高 − 保护层厚度 × 2)/水平筋间距 + 1](取整) × 2

每排拉筋根数 = $\dfrac{连梁固定净长 − 50mm × 2}{连梁箍筋间距 × 2}$ + 1 （取整）

4.3 剪力墙钢筋翻样实例

【例4-1】已知：墙身混凝土强度等级为C30，剪力墙抗震等级为三级，基础底部标高为 −2.700m。300mm 厚的墙体配筋均为双面双向⊥12@200，拉结筋Φ6@600×600，环境类别为二 b。

要求：根据图 4-18，试对标高 4.470~8.470m 之间的墙身钢筋进行翻样计算。

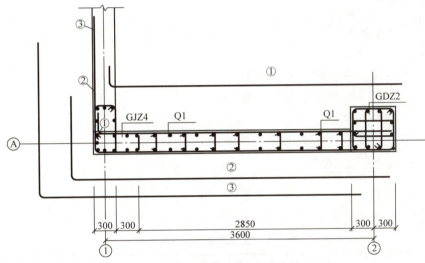

图 4-18 墙身钢筋翻样计算示意图

【解】查表知，锚固长度 l_{aE} = 37d = 37 × 12mm = 444mm；柱混凝土保护层厚度为 35mm；墙混凝土保护层厚度为 25mm。钢筋编号及计算过程如下。

①号筋：内侧水平钢筋　根据构造要求，①号筋一端伸入 GJZ4 竖筋内侧弯 15d，另一端伸入 GDZ2 平直长度（600 − 35）mm = 565mm > l_{aE} = 444mm，直锚。

①号筋长度 = 水平段长度 − 2c + 15d
　　　　　= (3600 + 150 + 300 − 25 − 35 + 15 × 12)mm
　　　　　= 4170mm

①号筋根数 = $\dfrac{4000}{200}$ + 1 = 21

【小提示】最上一排水平筋距离顶板不大于 100mm，最下面一排水平筋距离地板顶部 50mm。

②号筋：外侧水平钢筋（短）

②号筋长度 = 水平段长度 − 2c + 左弯钩长度 + 1.2l_{aE}
　　　　　= (3600 + 150 + 300 − 35 − 25 + 300 + 300 + 1.2 × 444)mm
　　　　　= 5122.8mm

②号筋根数为 11。

③号筋：外侧水平钢筋（长）

③号筋长度 = ②号筋长度 + $1.2l_{aE}$ + 500mm
　　　　　= (5122.8 + 1.2×444 + 500)mm
　　　　　= 6155.6mm

③号筋根数为 10。

④号筋：剪力墙竖筋

④号筋长度 = 层高 + $1.2l_{aE}$
　　　　　= (4000 + 1.2×444)mm
　　　　　= 4532.8mm

④号筋根数 = $\left(\dfrac{3150}{200}+1\right)\times 2 = 34$

⑤号筋：墙身拉结筋

⑤号筋长度 = 墙厚 - 保护层厚度 + 弯钩长度
　　　　　= (300 - 2×25 + 2×5×6)mm
　　　　　= 310mm

⑤号筋根数 = 墙净面积/拉结筋的布置面积
　　　　　= $\dfrac{3150\times 4000}{600\times 600}$
　　　　　= 35

墙身钢筋配料单见表 4-3。

表 4-3　剪力墙墙身钢筋配料单

	钢筋编号	简图	级别	直径/mm	下料长度/mm	根数	质量/kg
墙身	①		⊕	12	4170	21	77.762
	②		⊕	12	5122.8	11	50.04
	③		⊕	12	6155.6	10	54.662
	④		⊕	12	4532.8	34	136.854
	⑤		Φ	6	310	35	2.409
	合计		⊕12：320.717kg；Φ6：2.409kg				

本章练习题

1. 剪力墙结构是否仅指剪力墙身？
2. 墙身拉结筋计算与连梁拉结筋计算有何不同？
3. 剪力墙矩形洞口或圆形洞口的洞宽或直径大于 800mm，每边的补强钢筋怎么取值？
4. 已知：基础及墙身混凝土强度等级为 C30，剪力墙抗震等级为三级，基础底部标高

为 –2.700m，条形基础高度为550mm。300mm厚的墙体配筋均为双面双向⌽12@200，拉结筋Φ6@600×600，环境类别为二b。

要求：根据图4-19对Q1基础插筋及标高在4.470m以下的墙身进行钢筋翻样计算。

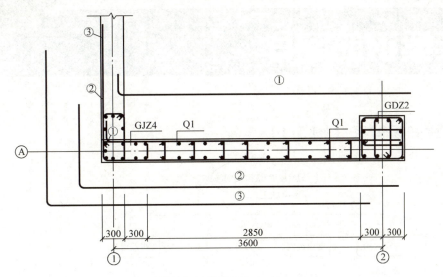

图4-19 墙身钢筋翻样计算示意图

第5章

框架梁钢筋翻样

本章知识体系（图5-1）

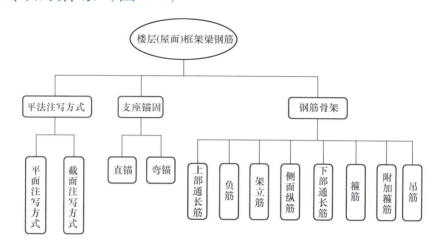

图5-1　楼层（屋面）框架梁钢筋知识体系

注：楼层框架梁和屋面框架梁的上部通长筋和端支座负筋在弯锚时，弯折长度有所不同。

本章学习目标

1. 能准确识读框架梁配筋图。
2. 能准确完成框架梁钢筋的翻样计算，并形成钢筋下料单。

5.1　楼层框架梁钢筋翻样

5.1.1　楼层框架梁平法识图

楼层框架梁平法施工图可采用平面注写方式或截面注写方式表达。平面注写分为集中标注和原位标注两部分内容，施工时优先采用原位标注，见图5-2。

【小提示】图5-2中4个梁截面均采用传统表示方法绘制，用于对比按平面注写方式表达的同样内容。实际工程中采用平面注写方式表达时，不需绘制梁截面配筋图和相应的截面号。

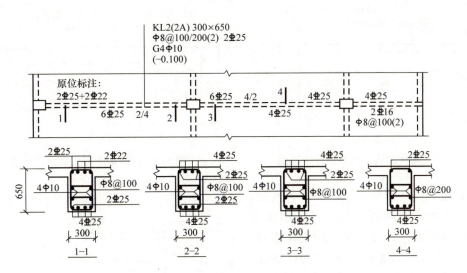

图 5-2 某楼层框架梁钢筋注写示意图

一、集中标注

集中标注是指在梁平面图上集中引注。

1. 必注项

必注项包括梁编号、梁截面尺寸、梁箍筋配置、梁上部通长筋或架立筋配置、梁侧面纵向构造钢筋或受扭钢筋配置。

（1）梁编号 梁编号由梁类型、代号、序号、跨数及是否有悬挑几项组成，见表5-1。例如：KL7（5A）表示第7号楼层框架梁，5跨，一端有悬挑。

表 5-1 梁编号

梁类型	代号	序号	跨数及是否有悬挑
楼层框架梁	KL	××	(××)、(××A) 或 (××B)
楼层框架扁梁	KBL	××	(××)、(××A) 或 (××B)
非框架梁	L	××	(××)、(××A) 或 (××B)
框支梁	KZL	××	(××)、(××A) 或 (××B)
托柱转换梁	TZL	××	(××)、(××A) 或 (××B)
悬挑梁	XL	××	(××)、(××A) 或 (××B)
井字梁	JZL	××	(××)、(××A) 或 (××B)

注：(××A) 为一端有悬挑，(××B) 为两端有悬挑，悬挑不计入跨数。

（2）梁截面尺寸

1）对等截面梁，用 $b \times h$ 表示。

2）对竖向加腋梁，用 $b \times h$ $Yc_1 \times c_2$ 表示，其中 c_1 为腋长，c_2 为腋高，见图5-3。

3）对水平加腋梁，一侧加腋时用 $b \times h$ $PYc_1 \times c_2$ 表示，其中 c_1 为腋长，c_2 为腋宽，加腋部位应在平面图中绘制，见图5-4。

4）对有悬挑梁，当根部和端部的高度不同时，用"/"分隔根部与端部的高度值，即 $b \times h_1/h_2$，见图5-5。

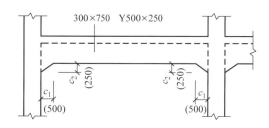

图 5-3 竖向加腋梁截面注写示意图

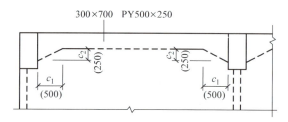

图 5-4 水平加腋梁截面注写示意图

（3）梁箍筋 包括：钢筋级别、直径、加密区与非加密区的间距及肢数。当加密区与非加密区的间距及肢数均不同时，需要用"/"分隔；当加密区与非加密区的间距及肢数均相同时，只注写一次；当加密区与非加密区的肢数相同时，肢数只注写一次。例如：Φ8@100（4）/150（2）表示箍

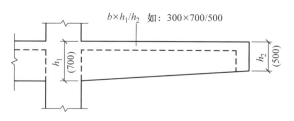

图 5-5 悬挑梁不等高截面注写示意图

筋为 HPB300 钢筋，直径为 8mm，加密区的间距为 100mm，四肢箍；非加密区的间距为 150mm，两肢箍。Φ10@200（2）表示箍筋为 HPB300 钢筋，直径为 10mm，加密区与非加密区的间距均为 200mm，两肢箍。Φ10@100/200（4）表示箍筋为 HPB300 钢筋，直径为 10mm，加密区的间距为 100mm，非加密区的间距为 200mm，均为四肢箍。

【小提示】肢数应写在括号内。

当非框架梁、悬挑梁、井字梁采用不同的间距及肢数时，也用"/"将其分隔开。注写时，先注写梁支座端部的箍筋（包括箍筋的个数、钢筋级别、直径、间距与肢数），在斜线后注写梁跨中部分的箍筋间距及肢数。例如：13Φ10@150/200（4）表示箍筋为 HPB300 钢筋，直径为 10mm，梁的两端各有 13 个四肢箍，间距为 150mm；梁跨中部分的间距为 200，四肢箍。18Φ12@150（4）/200（2）表示箍筋为 HPB300 钢筋，直径为 12mm，梁的两端各有 18 个四肢箍，间距为 150mm；梁跨中部分的间距为 200mm，两肢箍。

（4）梁上部通长筋或架立筋配置（通长筋可为采用搭接连接、机械连接或焊接的相同直径或不同直径的钢筋）

1）当同排纵筋中既有通长筋又有架立筋时，应用"+"将其相关联。例如：2Φ22 用于双肢箍；2Φ22+（4Φ12）用于六肢箍，其中 2Φ22 为通长筋，4Φ12 为架立筋。

【小提示】注写时，需将角部纵筋写在"+"的前面，架立筋写在"+"后面的括号内，以表示不同直径及与通长筋的区别。当全部采用架立筋时，则将其写入括号内。

2）当梁的上部纵筋和下部纵筋为全跨相同，且多数跨配筋相同时，此项可加注下部纵筋的配筋值，并用"；"将上部纵筋与下部纵筋的配筋值分隔开。例如：

$$3Φ22；3Φ20$$

表示梁的上部配置 3Φ22 的通长筋，梁的下部配置 3Φ20 的通长筋。

（5）梁侧面构造纵筋或受扭钢筋配置

1）当梁腹板高度 h_w≥450mm 时，需配置构造纵筋，所注规格与根数应符合规范规定。

此项注写值以大写字母 G 打头，其后注写设置在梁两个侧面的总配筋值，且对称配置。例如：G4Φ12 表示梁的两个侧面共配置 4Φ12 的构造纵筋，每侧各配置 2Φ12。

2）当梁侧面需配置受扭纵筋时，此项注写值以大写字母 N 打头，其后注写配置在梁两个侧面的总配筋值，且对称配置。受扭纵筋应满足梁侧面构造纵筋的间距要求，且不再重复配置构造纵筋。例如：N6Φ22 表示梁的两个侧面共配置 6Φ22 的受扭纵筋，每侧各配置 3Φ22。

【小提示】①当为梁侧面构造筋时，其搭接与锚固长度可取为 $15d$。
②当为梁侧面受扭纵筋时，其搭接长度为 l_l 或 l_{lE}；锚固长度为 l_a 或 l_{aE}；其锚固方式同框架下部纵筋。

2. 选注项

选注项为梁顶面标高高差，即梁顶面相对于结构层楼面标高的高差。有高差时，需将其写入括号内，无高差时不注。

【小提示】对位于结构夹层的梁，梁顶面标高高差指梁顶面相对于结构夹层楼面标高的高差。当梁的顶面高于所在结构层楼面标高时，其值为正值，反之为负值。例如：某结构标准层的楼面标高分别为 44.950m 和 48.250m。当这两个标准层中某梁的梁顶面标高高差注写为（-0.050）时，即表明该梁顶面标高分别相对于 44.950m 和 48.250m 低 0.05m。

二、原位标注

1. 梁支座上部纵筋

1）当梁支座上部纵筋多于一排时，用"/"将各排纵筋自上而下分开。例如：梁支座上部纵筋注写为 6Φ25 4/2，表示上一排纵筋为 4Φ25，下一排纵筋为 2Φ25。

2）当同排纵筋有两种直径时，用"+"将其相关联，注写时将角部纵筋写在前面。例如：梁支座上部有 4 根纵筋，2Φ25 放在角部，2Φ22 放在中部，则梁支座上部纵筋应注写为 2Φ25 + 2Φ22。

3）当梁中间支座两边的上部纵筋不同时，须在支座两边分别标注；当梁中间支座两边的上部纵筋相同时，可仅在支座的一边标注配筋值，另一边省去不注，见图 5-6。

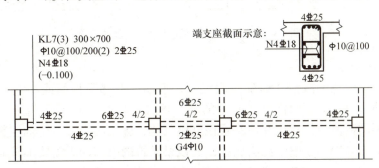

图 5-6 大小跨梁注写示意图

2. 梁下部纵筋

1）当梁下部纵筋多于一排时，用"/"将各排纵筋自上而下分开。例如：梁下部纵筋注写为 6Φ25 2/4，表示上一排纵筋为 2Φ25，下一排纵筋为 4Φ25，全部伸入支座。

2）当同排纵筋有两种直径时，用"+"将其相关联，注写时角筋写在前面。

3）当梁下部纵筋不全部伸入支座时，将梁支座下部纵筋减少的数量写在括号内。例如：梁下部纵筋注写为 6⏀25 2（-2）/4，表示上一排纵筋为 2⏀25，且不伸入支座；下一排纵筋为 4⏀25，全部伸入支座。梁下部纵筋注写为 2⏀25+3⏀22（-3）/5⏀25，表示上一排纵筋为 2⏀25 和 3⏀22，其中 3⏀22 不伸入支座，下一排纵筋为 5⏀25，全部伸入支座。

4）当梁的集中标注中已按规定分别注写了梁上部和梁下部均为通长的纵筋值时，则不需在梁下部重复做原位标注。

5）当梁设置竖向加腋时，加腋部位下部斜纵筋应在支座下部以 Y 打头注写在括号内，见图 5-7。本图集中，框架梁竖向加腋构造适用于加腋部位参与框架梁计算；其他情况下，设计者应另行给出构造。当梁设置水平加腋时，加腋部位上下部斜纵筋应在支座上部以 Y 打头注写在括号内，上下部斜纵筋之间用"/"分隔，见图 5-8。

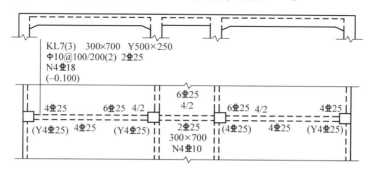

图 5-7　梁竖向加腋平面注写方式表达示例

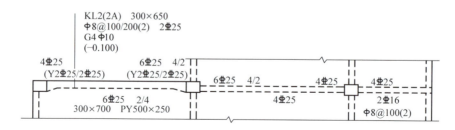

图 5-8　梁水平加腋平面注写方式表达示例

3. 特殊情况标注

当在梁上集中标注的内容（即梁截面尺寸、箍筋、上部通长筋或架立筋，梁侧面构造纵筋或受扭纵筋，以及梁顶面标高高差中的某一项或几项数值）不适用于某跨或某悬挑部分时，则将其不同数值原位标注在该跨或该悬挑部位，施工时应按原位标注数值取用。

当在多跨梁的集中标注中已注明加腋，而该梁某跨的根部却不需要加腋时，则应在该跨原位标注等截面的 $b \times h$，以修正集中标注中的加腋信息，见图 5-7。

4. 附加箍筋或吊筋

附加箍筋或吊筋可直接画在平面图中的主梁上，用线引注总配筋值（附加箍筋的肢数注在括号内），见图 5-9。当多数附加箍筋或吊筋相同时，可在梁平法施工图上统一注明；少数与统一注明值不同时，对其在原位标注即可。

施工时应注意：附加箍筋或吊筋的几何尺寸应按照标准构造详图，结合其所在位置的主梁和次梁的截面尺寸而定。

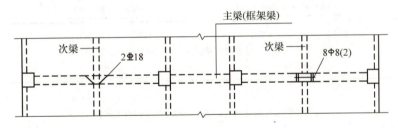

图 5-9　附加箍筋和吊筋的画法示例

5.1.2　楼层框架梁钢筋排布规则

楼层框架梁纵筋端支座构造分为直锚和弯锚,见图 5-10 和图 5-11。不同的锚固方式,其锚固长度的计算也不相同,见表 5-2。

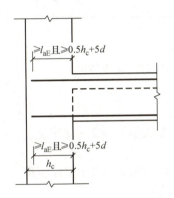

图 5-10　纵筋端支座直锚图

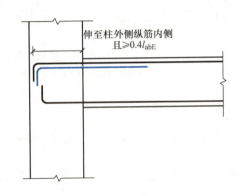

图 5-11　纵筋端支座弯锚图

表 5-2　直锚、弯锚要求

锚固方式	直锚	弯锚
锚固条件	支座宽度 h_c - 保护层厚度 $\geqslant l_{aE}$	支座宽度 h_c - 保护层厚度 $< l_{aE}$
长度计算	长度 = $\max(l_{aE}, 0.5h_c + 5d)$	长度 = $\max[(h_c - 保护层厚度) + 15d, 0.4l_{abE} + 15d]$

l_{abE}、l_{aE} 的数值可分别查表 1-4 和表 1-6。

下面以图 5-12 为例,将不同种类的钢筋长度计算公式进行总结。

一、梁上部通长筋

梁上部通长筋长度 = 通净跨长 + 左支座锚固长度 + 右支座锚固长度 + 搭接长度 × 搭接个数

二、梁上部支座负筋

1. 梁上部边支座负筋

梁上部边支座负筋长度（第一排）= 净跨长 × $\dfrac{1}{3}$ + 左支座锚固长度

梁上部边支座负筋长度（第二排）= 净跨长 × $\dfrac{1}{4}$ + 左支座锚固长度

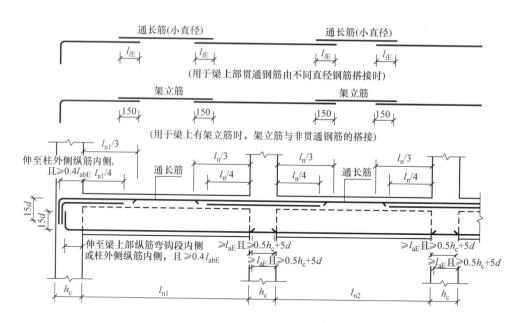

图 5-12 楼层框架梁 KL 纵筋构造

注：当梁的上部既有通长筋又有架立筋时，其中架立筋的搭接长度为 150mm。

2. 梁上部中间支座负筋

梁上部中间支座负筋长度（第一排）= 净跨长 × $\frac{1}{3}$（取大值）× 2 + 支座宽度

梁上部中间支座负筋长度（第二排）= 净跨长 × $\frac{1}{4}$（取大值）× 2 + 支座宽度

三、梁架立筋

梁架立筋长度 = 净跨长 − 两边负筋净长 + 150mm × 2

四、梁下部通长筋

梁下部通长筋长度 = 净跨长 + 左支座锚固长度 + 右支座锚固长度

【小提示】边跨边支座锚固长度按表 5-2 计算，中间支座锚固长度取 max（l_{aE}，$0.5h_c+5d$）。无论直锚还是弯锚，中间跨锚固长度均取 max（l_{aE}，$0.5h_c+5d$）。

当梁（不包括框支梁）下部纵筋不全部伸入支座时，不伸入支座的梁下部纵筋截断点距支座边的距离统一取值为 $0.1l_{ni}$（l_{ni} 为本跨梁的跨度值），见图 5-13。

梁下部纵筋不伸入支座长度 = 净跨长 l_n − 0.1 × 2 × 净跨长 l_n = 0.8 × 净跨长 l_n

五、梁侧面纵筋

梁侧面纵筋分梁侧面构造纵筋和梁侧面抗扭纵筋。

1. 梁侧面构造纵筋

梁侧面构造纵筋截面见图 5-14。

1）当梁净高 h_w ≥ 450mm 时，在梁的两个侧面应沿高度配置构造纵筋；构造纵筋的间距 a ≤ 200mm。

2）当梁宽 ≤ 350mm 时，拉筋直径为 6mm；当梁宽 > 350mm 时，拉筋直径为 8mm。拉

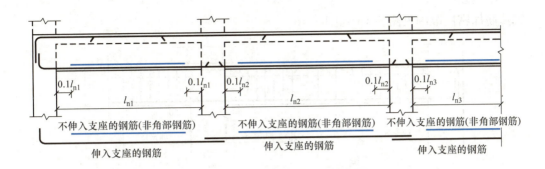

图 5-13 不伸入支座的梁下部纵筋截断点位置

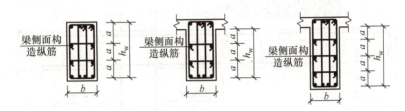

图 5-14 梁侧面构造纵筋截面图

筋间距为非加密区箍筋间距的 2 倍。当设有多排拉筋时,上下两排拉筋竖向错开设置。

3)当梁侧面配有直径不小于构造纵筋的受扭纵筋时,受扭纵筋可以代替构造纵筋。

4)梁侧面构造纵筋长度 $= l_n + 15d \times 2$。

2. 梁侧面抗扭纵筋

梁侧面抗扭纵筋的计算方法分两种情况,即直锚和弯锚。

(1)直锚 当端支座足够大时,梁侧面抗扭纵筋直锚在端支座里。

梁侧面抗扭纵筋长度 = 净跨长 + 锚固长度 × 2

(2)弯锚 当端支座不能满足直锚长度时,必须设置弯钩。

梁侧面抗扭纵筋长度 = 净跨长 + 锚固长度 × 2 + 弯钩长度 × 2

【小提示】梁侧面抗扭纵筋的锚固方式同梁下部纵筋。

3. 梁侧面纵筋的拉筋

(1)梁侧面纵筋的拉筋长度

① 当拉筋同时勾住主筋和箍筋时

梁侧面纵筋的拉筋长度 $=(梁宽 b - 保护层厚度 \times 2) + 2d + 1.9d \times 2 + \max(10d, 75\text{mm}) \times 2$

② 当拉筋只勾住主筋时

梁侧面纵筋的拉筋长度 $=(梁宽 b - 保护层厚度 \times 2) + 1.9d \times 2 + \max(10d, 75\text{mm}) \times 2$

(2)梁侧面纵筋的拉筋根数 计算公式如下:

$$拉筋根数 = \frac{梁净跨长 l_n - 50 \times 2}{非加密区间距 \times 2} + 1$$

六、梁箍筋

梁箍筋加密区范围见图 5-15 和图 5-16。

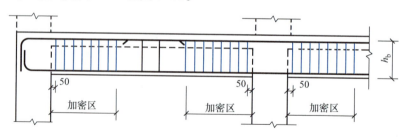

图 5-15 梁箍筋加密区范围（一）

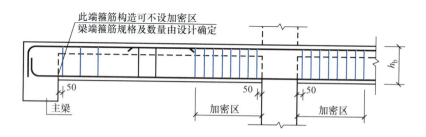

图 5-16 梁箍筋加密区范围（二）

1. 梁箍筋根数

1）加密区梁箍筋根数 = $\dfrac{加密区长度 - 50\text{mm}}{加密区间距} + 1$

【小提示】50mm 为第一根梁箍筋与支座边缘间的距离；若计算结果为小数，则向前进一位取整数。

2）非加密区梁箍筋根数 = $\dfrac{净跨长 - 左加密区长度 - 右加密区长度}{非加密区间距} - 1$

3）梁箍筋总根数 = 加密区根数 × 2 + 非加密区根数

【小提示】一级抗震：加密区梁箍筋长度 = max（$2.0h_b$，500mm）。

二 ~ 四级抗震：加密区梁箍筋长度 = max（$1.5h_b$，500mm），其中 h_b 为梁高。

2. 梁箍筋长度

梁箍筋长度 = 梁箍筋外皮尺寸 + 1.9d + 2max（75mm，10d）

七、梁附加箍筋和吊筋

1. 梁附加箍筋

梁附加箍筋的构造见图 5-17。

1）附加箍筋间距 8d（d 为箍筋直径）且不大于梁正常箍筋间距。

2）附加箍筋根数若设计中已注明，则按设计选取；若设计中只注明间距而未注写具

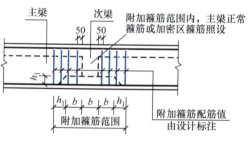

图 5-17 梁附加箍筋构造

体数量，则按平法构造选取。

3) 附加箍筋根数 $= 2 \times \left(\dfrac{主梁高度 - 次梁高度 + 次梁宽度 - 50\text{mm}}{附加箍筋间距} + 1 \right)$

2. 附加吊筋

附加吊筋的构造见图 5-18。

1) $h_b \leqslant 800\text{mm}$ 时，$\alpha = 45°$；$h_b > 800\text{mm}$ 时，$\alpha = 60°$。

2) 附加吊筋长度 = 次梁宽度 $+ 2 \times 50\text{mm} + 2 \times \dfrac{主梁高度 - 保护层厚度}{\sin 45°（或 \sin 60°）} + 2 \times 20d$

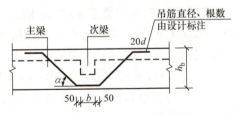

图 5-18 附加吊筋构造

5.1.3 楼层框架梁钢筋翻样实例

楼层框架梁钢筋翻样的基本步骤：

① 识读图纸，根据图纸的集中标注和原位标注掌握图纸的配筋等信息。
② 根据钢筋的排布规则及构造要求分析钢筋的排布范围等相关信息。
③ 根据相关知识计算钢筋的下料长度。

【例 5-1】 已知：某抗震框架梁 KL2 为两跨梁，抗震等级为二级；第一跨轴线跨度为 3300mm，第二跨轴线跨度为 3900mm，支座 KZ1 为 600mm × 600mm，混凝土强度等级为 C25。

要求：根据图 5-19 对梁 KL2 进行识图，并对架立筋进行翻样。

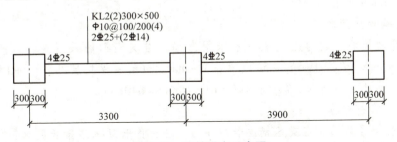

图 5-19 钢筋排布示意图

【解】

1) 识读图纸信息可知：KL2 为两跨梁，第一跨轴线跨度为 3300mm，第二跨轴线跨度为 3900mm，支座 KZ1 为 600mm × 600mm，混凝土强度等级为 C25。

2) 计算架立筋下料长度

KL2 第一跨净跨长：$l_{n1} = (3300 - 300 - 300)\text{mm} = 2700\text{mm}$

KL2 第二跨净跨长：$l_{n2} = (3900 - 300 - 300)\text{mm} = 3300\text{mm}$

架立筋长度 = 净跨长 − 两边负筋净长 + 150mm × 2

KL2 第一跨架立筋长度：$l_{n1} - \dfrac{l_{n1}}{3} - \dfrac{\max(l_{n1}, l_{n2})}{3} + 150\text{mm} \times 2 =$

$\left(2700 - \dfrac{2700}{3} - \dfrac{3300}{3} + 150 \times 2 \right) \text{mm} = 1000\text{mm}$

KL2 第二跨架立筋长度：

$$l_{n2} - \frac{\max(l_{n1}, l_{n2})}{3} - \frac{l_{n2}}{3} + 150\text{mm} \times 2 = \left(3300 - \frac{3300}{3} - \frac{3300}{3} + 150 \times 2\right)\text{mm} = 1400\text{mm}$$

【例 5-2】 已知：楼层框架梁 KL3，混凝土强度等级为 C30，环境类别为 二 a，抗震等级为一级，混凝土保护层厚度为 25mm，两侧柱截面尺寸分别为 500mm×500mm 和 700mm×700mm。

要求：根据图 5-20 对该楼层框架梁 KL3 钢筋进行识图与翻样。

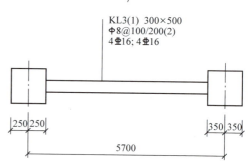

图 5-20　楼层框架梁钢筋示意图

【解】

（1）识读图纸信息　楼层框架梁 KL3 为一跨梁，上下部各只有一排 4Φ16 贯通筋伸入左右两端支座锚固。箍筋为双肢箍，加密区间距为 100mm，非加密区间距为 200mm。

（2）计算梁净跨长　计算过程如下。

$l_n = (5700 - 250 - 350)\text{mm} = 5100\text{mm}$

（3）确定锚固形式　查表 1-6 可知，$l_{aE} = 40d = 40 \times 16\text{mm} = 640\text{mm}$。

左支座 h_{c1} − 保护层厚度 = (500 − 25)mm = 475mm < l_{aE} = 640mm

左支座钢筋采用弯锚。

右支座 h_{c2} − 保护层厚度 = (700 − 25)mm = 675mm > l_{aE} = 640mm

右支座钢筋采用直锚。

（4）钢筋编号及计算

1）上下部通长筋。因为左支座钢筋采用弯锚，右支座钢筋采用直锚，所以通长筋长度 = 净跨长 l_n + max (l_{aE}, 0.5h_c + 5d)（直锚）+ max [(h_c − 保护层厚度) + 15d, 0.4l_{abE} + 15d]（弯锚）。查表 1-4 可知，$l_{abE} = 40d = 40 \times 16\text{mm} = 640\text{mm}$。

①号筋：上部通长筋

①号筋长度 = 净跨长 + 左支座锚固长度 + 右支座锚固长度 + 搭接长度 × 搭接个数

$= [5100 + \max(500 − 25 + 15 \times 16, 0.4 \times 640 + 15 \times 16) +$

$\max(640, 0.5 \times 700 + 5 \times 16)]\text{mm}$

$= (5100 + 715 + 640)\text{mm}$

$= 6455\text{mm}$

①号筋根数为 4。

②号筋：下部通长筋

②号筋长度 = 净跨长 + 左支座锚固长度 + 右支座锚固长度

$= [5100 + \max(500 − 25 + 15 \times 16, 0.4 \times 640 + 15 \times 16) +$

$\max(640, 0.5 \times 700 + 5 \times 16)]\text{mm}$

$= (5100 + 715 + 640)\text{mm}$

$= 6455\text{mm}$

②号筋根数为 4。

2）箍筋（③号筋）。计算过程如下。

③号筋长度 = 外皮尺寸 + $1.9d + 2\max(75\text{mm}, 10d)$
　　　　　 = $[(300-25\times2+500-25\times2)\times2+1.9\times8+2\times80]$mm
　　　　　 = 1575.2mm

③号筋根数：因为抗震等级为一级，所以加密区长度 = $\max(2.0h_b, 500\text{mm})$ = $\max(2.0\times500, 500)$mm = 1000mm。

加密区箍筋根数 = $\dfrac{\text{加密区长度}-50\text{mm}}{\text{加密区间距}}+1$

　　　　　　　 = $\dfrac{1000-50}{100}+1$

　　　　　　　 = 10.5（取11）

非加密区箍筋根数 = $\dfrac{\text{净跨长}-\text{左加密区长度}-\text{右加密区长度}}{\text{非加密区间距}}-1$

　　　　　　　　 = $\dfrac{5150-[(11-1)\times100+50]\times2}{200}-1$

　　　　　　　　 = 14.25（取15）

③号筋根数 = 加密区箍筋根数×2 + 非加密区箍筋根数
　　　　　 = 11×2+15
　　　　　 = 37

故楼层框架梁 KL3 钢筋配料单见表 5-3。

表 5-3　楼层框架梁 KL3 钢筋配料单

	钢筋编号	简图	级别	直径/mm	下料长度/mm	根数	质量/kg
楼层框架梁KL3	①		⊕	16	6455	4	40.744
	②		⊕	16	6455	4	40.744
	③		Φ	8	1575.2	37	23.021
	合计		Φ8：23.021kg；⊕16：81.488kg				

5.2　屋面框架梁钢筋翻样

5.2.1　屋面框架梁平法识图

屋面框架梁平法施工图可采用平面注写和截面注写两种方式表达。平面注写分为集中标注和原位标注两部分内容，施工时优先采用原位标注。

一、集中标注

屋面框架梁的集中标注内容与楼层框架梁基本一致，此处不再赘述。

屋面框架梁编号由梁类型、代号、序号、跨数及是否有悬挑几项组成，见表5-4。例如：WKL3（4B）表示第3号屋面框架梁，4跨，两端有悬挑。

表5-4 屋面框架梁编号

梁类型	代号	序号	跨数及是否有悬挑
屋面框架梁	WKL	××	（××）、（××A）或（××B）

注：（××A）为一端有悬挑，（××B）为两端有悬挑，悬挑不计入跨数。

二、原位标注

屋面框架梁的原位标注内容与楼层框架梁完全一致，此处不再赘述。

5.2.2 屋面框架梁钢筋排布规则

一、框架顶层端节点钢筋排布构造

框架顶层端节点钢筋排布构造共有3种情况：

① 梁上部纵筋配筋率≤1.2%时，柱顶外侧搭接方式见图5-21a。

② 柱外侧纵筋配筋率≤1.2%，且梁宽范围以外的柱外侧纵筋伸至柱内边向下弯折$8d$时，梁端及柱顶搭接方式见图5-21b。

③ 柱外侧纵筋配筋率≤1.2%，柱顶现浇板厚度≥100mm时，梁宽范围以外的柱外侧纵筋可伸入板内，见图5-21c。

除上部通长筋和上部端支座负筋之外，屋面框架梁其他钢筋的算法和楼层框架梁相同，见图5-22。

二、屋面框架梁上部通长筋

1. 梁上部纵筋向下弯折，弯折长度不小于$1.7l_{abE}$（$1.7l_{ab}$）

屋面框架梁上部通长筋长度 = 梁长 − 2×保护层厚度 + 2×$1.7l_{abE}$（$1.7l_{ab}$）

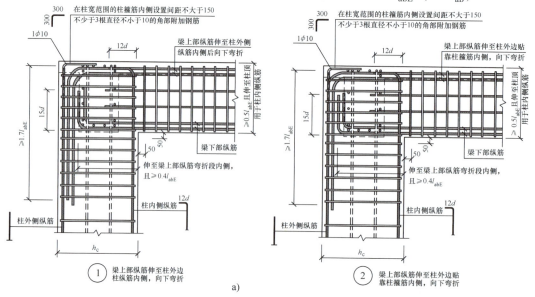

图5-21 框架顶层端节点钢筋排布构造

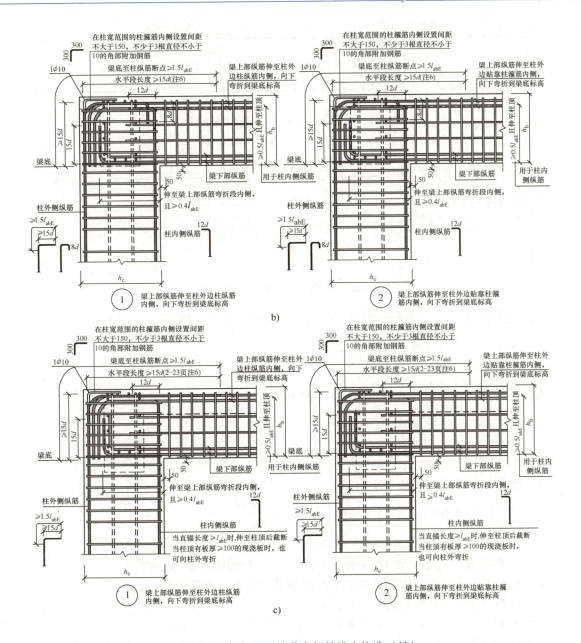

图 5-21 框架顶层端节点钢筋排布构造（续）

2. 梁上部纵筋向下弯折至梁底标高

屋面框架梁上部通长筋长度 = 梁长 − 2 × 保护层厚度 + 梁高 − 保护层厚度

【小提示】 括号内尺寸适用于非抗震区。

三、屋面框架梁上部端支座负筋

1. 梁上部纵筋向下弯折，弯折长度不小于 $1.7l_{abE}$（$1.7l_{ab}$）

（1）端支座第一排 计算公式如下：

端支座负筋长度 = $\dfrac{l_{n1}}{3}$ +（支座宽度 − 保护层厚度）+ $1.7l_{abE}$（$1.7l_{ab}$）

（2）端支座第二排 计算公式如下：

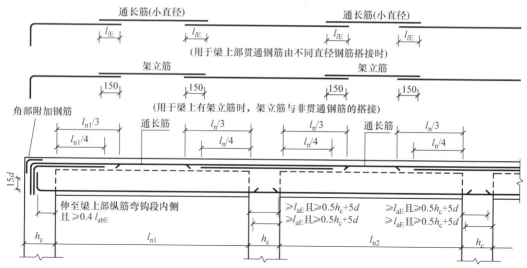

图 5-22 屋面框架梁 WKL 纵筋构造

端支座负筋长度 = $\dfrac{l_{n1}}{4}$ +（支座宽度 − 保护层厚度）+ $1.7l_{abE}$（$1.7l_{ab}$）

2. 梁上部纵筋向下弯折至梁底标高

（1）端支座第一排　计算公式如下：

端支座负筋长度 = $\dfrac{l_{n1}}{3}$ +（支座宽度 − 保护层厚度）+ 梁高 − 保护层厚度

（2）端支座第二排　计算公式如下：

端支座负筋长度 = $\dfrac{l_{n1}}{4}$ +（支座宽度 − 保护层厚度）+ 梁高 − 保护层厚度

【小提示】括号内尺寸适用于非抗震区。

5.2.3　屋面框架梁钢筋翻样实例

屋面框架梁钢筋翻样的基本步骤如下：
1）识读图纸，根据图纸的集中标注和原位标注掌握图纸的配筋等信息。
2）根据钢筋的排布规则及构造要求分析钢筋的排布范围等相关信息。
3）根据相关知识计算钢筋的下料长度。

【例 5-3】已知：某屋面框架梁 WKL7，抗震等级为二级，环境类别为二 a。支座尺寸分别为 500mm×500mm 和 400mm×400mm，混凝土强度等级为 C25，保护层厚度为 25mm。梁上部纵筋配筋率 <1.2%。

要求：根据图 5-23 对 WKL7 钢筋进行识图与翻样。

【解】

1. 识读图纸信息

WKL7 为四跨梁，第一跨轴线跨度为 6300mm，第二跨轴线跨度为 4200mm，第三跨、第四跨分别与第二跨、第一跨对称。支座尺寸分别为 500mm×500mm 和 400mm×400mm，混凝土强度等级为 C25。

2. 根据钢筋的排布规则及构造要求分析钢筋的种类

WKL7 钢筋有上部通长筋、上部支座负筋、下部通长筋及箍筋。

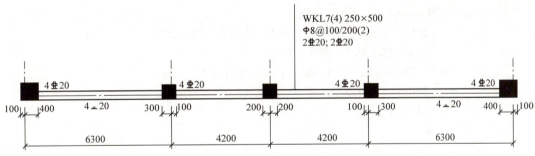

图 5-23 WKL7 平面注写示意图

3. 计算钢筋下料长度

（1）确定梁端部支座锚固形式 计算过程如下。

h_c − 保护层厚度 = (500 − 25)mm = 475mm

查表可知：$l_{aE} = 46d = 46 \times 20$mm = 920mm

则 h_c − 保护层厚度 < l_{aE}，梁端部支座锚固形式为弯锚。

$l_{abE} = 46d = 46 \times 20$mm = 920mm

（2）钢筋编号与计算 计算过程如下。

①号筋：上部通长筋

①号筋长度 = 梁长 − 2 × 保护层厚度 + $1.7 l_{abE} \times 2$
　　　　　= 21200mm − 2 × 25mm + 1.7 × 920mm × 2
　　　　　= (21200 − 50 + 1564 × 2)mm = 24278mm

①号筋根数为2。

②号筋：第一跨左支座（第四跨右支座）上部负筋

②号筋长度 = 净跨长 $\dfrac{l_{n1}}{3}$ + ($h_{c左}$ − 保护层厚度) + $1.7 l_{abE}$

　　　　　= $\left[\dfrac{6300 - 400 - 300}{3} + (500 - 25) + 1.7 \times 920 \right]$mm

　　　　　= $\left(\dfrac{5600}{3} + 475 + 1564 \right)$mm

　　　　　= 3905.67mm

②号筋根数为 2 × 2 = 4。

③号筋：第一（三）个中间支座上部负筋

③号筋长度 = $2 \times \dfrac{\max(6300 - 400 - 300, 4200 - 200 - 100)}{3} + 300 + 100$

　　　　　= 4133.33mm

③号筋根数为 2 × 2 = 4。

④号筋：下部通长筋（梁截面角部）

④号筋长度 = 21200mm − 2 × 25mm + $15d \times 2$
　　　　　= (21200 − 50 + 15 × 20 × 2)mm
　　　　　= 21750mm

④号筋根数为 2。

⑤号筋：下部通长筋（梁截面中部）

⑤号筋长度 = (6300 − 400 − 300)mm + $\max\left[(h_{c左} - 保护层厚度) + 15d, 0.4 l_{abE} + 15d \right]$

$$+ \max(l_{aE}, 0.5h_{c右} + 5d)$$
$$= [5600 + \max(475 + 15 \times 20, 0.4 \times 920 + 15 \times 20)$$
$$+ \max(920, 0.5 \times 400 + 5 \times 20)] \text{mm}$$
$$= [5600 + \max(775, 668) + \max(920, 300)] \text{mm}$$
$$= (5600 + 775 + 920) \text{mm}$$
$$= 7295 \text{mm}$$

⑤号筋根数为 4。

⑥号筋：箍筋

⑥号筋长度 = 箍筋外皮尺寸 + $1.9d$ + $2\max(75\text{mm}, 10d)$
$$= [(250 - 25 \times 2 + 500 - 25 \times 2) \times 2 + 1.9 \times 8 + 2 \times 80] \text{mm}$$
$$= 1475.2 \text{mm}$$

⑥号筋根数：由于抗震等级为二级，因此计算过程如下。

箍筋加密区长度 = $\max(1.5h_b, 500\text{mm})$
$$= [\max(1.5 \times 500, 500)] \text{mm}$$
$$= 750 \text{mm}$$

加密区箍筋根数 = $\dfrac{\text{加密区长度} - 50\text{mm}}{\text{加密区间距}} + 1$
$$= \dfrac{750 - 50}{100} + 1$$
$$= 8 (\text{取} 8)$$

非加密区箍筋根数 = $\dfrac{\text{净跨长} - \text{左加密区长度} - \text{右加密区长度}}{\text{非加密区间距}} - 1$

第一跨非加密区箍筋根数 = $\dfrac{6300 - 400 - 300 - [(8-1) \times 100 + 50] \times 2}{200} - 1 = 19.5 (\text{取} 20)$

第二跨非加密区箍筋根数 = $\dfrac{4200 - 100 - 200 - [(8-1) \times 100 + 50] \times 2}{200} - 1 = 11 (\text{取} 11)$

第一跨箍筋总根数 = 加密区根数 × 2 + 非加密区根数
$$= 8 \times 2 + 20 = 36$$

第二跨箍筋总根数 = 加密区根数 × 2 + 非加密区根数
$$= 8 \times 2 + 11 = 27$$

因为对称布置，故第三跨箍筋总根数为 27，第四跨箍筋总根数为 36。

⑥号筋根数 = 36 + 27 + 27 + 36 = 126

屋面框架梁 WKL7 钢筋配料单见表 5-5。

表 5-5 屋面框架梁 WKL7 钢筋配料单

	钢筋编号	简图	级别	直径/mm	下料长度/mm	根数	质量/kg
屋面框架梁	①		⏀	20	24278	2	119.933
	②		⏀	20	3905.67	4	38.588
	③		⏀	20	4133.33	4	40.838

(续)

	钢筋编号	简图	级别	直径/mm	下料长度/mm	根数	质量/kg
屋面框架梁	④		$\unicode{x2641}$	20	21750	2	107.445
	⑤		$\unicode{x2641}$	20	7295	4	72.074
	⑥		ф	8	1475.2	126	73.421
合计		ф8：73.421kg；$\unicode{x2641}$20：378.878kg					

本章练习题

1. 楼层框架梁集中标注的必注项及选注项分别有哪些？
2. 楼层框架梁端支座的锚固方式有哪些？
3. 楼层框架梁支座负筋长度的计算有何要求？
4. 箍筋加密区长度是如何规定的？箍筋的根数如何计算？
5. 屋面框架梁和楼层框架梁的钢筋翻样有哪些不同？
6. 屋面框架梁和楼层框架梁两端支座的锚固方式是否一样？
7. 屋面框架梁端支座负筋长度的计算有何要求？
8. 已知：楼层框架梁 KL4，混凝土强度等级为 C30，所在环境类别为一级，抗震等级为二级，混凝土保护层厚度为 20mm，柱截面尺寸为 600mm×600mm。

要求：根据图 5-24 对楼层框架梁 KL4 钢筋进行识图与翻样。

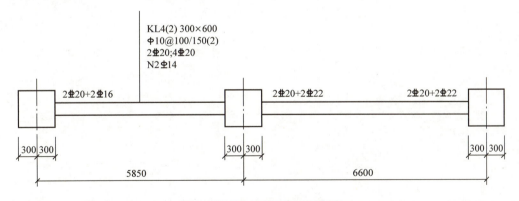

图 5-24　KL4 平面注写示意图

9. 已知：某屋面框架梁 WKL4，混凝土强度等级为 C30，所在环境类别为一级，抗震等级为二级，混凝土保护层厚度为 20mm，柱截面尺寸分别为 600mm×600mm 和 400mm×400mm。

要求：根据图 5-25 对该屋面框架梁 WKL4 钢筋进行识图与翻样。

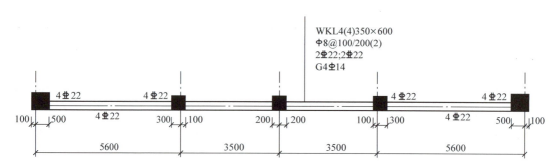

图 5-25 WKL4 平面注写示意图

第6章

有梁楼盖钢筋翻样

本章知识体系（图 6-1）

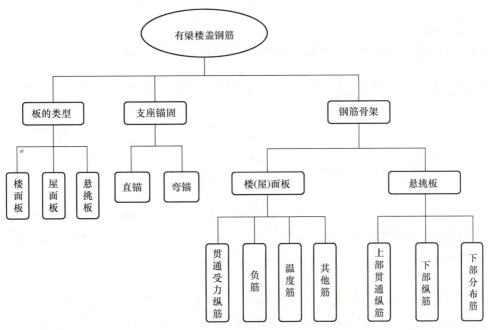

图 6-1 有梁楼盖钢筋计算知识体系

本章学习目标

1. 能准确识读有梁楼盖配筋图。
2. 能准确完成有梁楼盖钢筋的放样计算，并形成钢筋下料单。

6.1 有梁楼盖平法识图

有梁楼盖平法施工图是在楼面板和屋面板布置图上采用平面注写的表达方式。板平面注写主要包括板块集中标注和板支座原位标注。

为方便设计表达和施工识图，规定结构平面的坐标方向为：

当两向轴网正交布置时，图面从左至右为 X 向，从下至上为 Y 向；当轴网转折时，局部坐标方向顺轴网转折角度进行相应转折；当轴网向心布置时，切向为 X 向，径向为 Y 向。

此外，对于平面布置比较复杂的区域（例如：轴网转折交界区域、向心布置的核心区域等），其平面坐标方向应由设计者另行规定，并在图上明确表示。

一、板块集中标注

板块集中标注是指在板平面图上集中引注。

板块集中标注内容包括板块编号、板厚、纵筋、板面标高高差。

【小提示】对于普通楼面，两向均以一跨为一板块；对于密肋楼盖，两向主梁（框架梁）均以一跨为一板块（非主梁密肋不计）。所有板块应逐一编号，相同编号的板块可择其中一个进行集中标注，其他仅注写置于圆圈内的板编号，以及当板面标高不同时的标高高差。

1. 板块编号

板分为楼面板、屋面板、悬挑板 3 种类型，板块编号见表 6-1。

表 6-1　板块编号

板类型	代号	序号
楼面板	LB	××
屋面板	WB	××
悬挑板	XB	××

2. 板厚

板厚注写为 $h=×××$（h 为垂直于板面的厚度）；当悬挑板的端部改变截面厚度时，用"/"分隔根部与端部的高度值，注写为 $h=×××/×××$；当设计已在图纸中统一注明板厚时，此项可不注。

3. 纵筋

板块的下部纵筋和上部贯通纵筋应分别注写（当板块上部不设贯通纵筋时则不注）。B 代表下部纵筋，T 代表上部贯通纵筋，B&T 代表下部与上部。X 向纵筋以 X 打头，Y 向纵筋以 Y 打头，两向纵筋配置相同时则以 X&Y 打头。对单向板，分布筋可不必注写，而在图中统一注明。

当在某些板内（例如：在悬挑板 XB 的下部）配置构造筋时，则 X 向以 Xc 打头注写，Y 向以 Yc 打头注写。

当 Y 向采用放射配筋时（切向为 X 向，径向为 Y 向），设计者应注明配筋间距的定位尺寸。

当纵筋采用两种规格钢筋"隔一布一"方式时，注写为 $\phi xx/yy@×××$，表示直径为 xx 的钢筋和直径为 yy 的钢筋之间的间距为 $×××$，直径 xx 的钢筋的间距为 $×××$ 的 2 倍，直径 yy 的钢筋的间距为 $×××$ 的 2 倍。

4. 板面标高高差

板面标高高差是指板面相对于结构层楼面标高的高差，应将其注写在括号内。有高差则注，无高差不注。例如：

有一楼面板块注写为

$$\text{LB5} \quad h = 110$$
$$\text{B: X}\Phi12@120;\ Y\Phi10@110$$

表示 5 号楼面板,板厚 110mm,板下部配置的纵筋 X 向为 $\Phi12@120$,Y 向为 $\Phi10@110$;板上部未配置贯通纵筋。有一楼面板块注写为

$$\text{LB5} \quad h = 110$$
$$\text{B: X}\Phi10/12@100;\ Y\Phi10@110$$

表示 5 号楼面板,板厚 110mm,板下部配置的纵筋 X 向为 $\Phi10$、$\Phi12$ "隔一布一",$\Phi10$ 与 $\Phi12$ 之间的间距为 100mm;Y 向为 $\Phi10@110$;板上部未配置贯通纵筋。有一悬挑板块注写为

$$\text{XB2} \quad h = 150/100$$
$$\text{B: Xc\&Yc}\Phi8@200$$

表示 2 号悬挑板,板根部厚 150mm,端部厚 100mm,板下部配置的构造筋双向均为 $\Phi8@200$(上部受力钢筋见板支座原位标注)。

同一编号的板块,其类型、板厚和纵筋均应相同,但板面标高、跨度、平面形状以及板支座上部非贯通纵筋可以不同,例如:同一编号板块的平面形状可为矩形、多边形及其他形状等。

当悬挑板需要考虑竖向地震作用时,下部纵筋伸入支座内长度不应小于 l_{aE}。

二、板支座原位标注

板支座原位标注内容:板支座上部非贯通纵筋和悬挑板上部受力筋。

板支座原位标注的钢筋,应在配置相同跨的第一跨表达(当在梁悬挑部位单独配置时,则在原位表达)。在配置相同跨的第一跨(或梁悬挑部位),垂直于板支座(梁或墙)绘制一段适宜长度的中粗实线(当该筋通长设置在悬挑板或短跨板上部时,实线段应画至对边或贯通短跨),以该线段代表支座上部非贯通纵筋,并在线段上方注写钢筋编号(例如:①、②等)、配筋值、横向连续布置的跨数(注写在括号内,且当为一跨时可不注),以及是否横向布置到梁的悬挑端。例如:(××)为横向布置的跨数,(××A)为横向布置的跨数及一端的悬挑梁部位,(××B)为横向布置的跨数及两端的悬挑梁部位。

板支座上部非贯通纵筋自支座中线向跨内的伸出长度,注写在线段的下方位置。

当板中间支座上部非贯通纵筋向板支座两侧对称伸出时,可仅在板支座一侧线段下方注写伸出长度,另一侧不注,见图 6-2。

当板中间支座上部非贯通纵筋向板支座两侧非对称伸出时,应分别在板支座两侧线段下方注写伸出长度,见图 6-3。

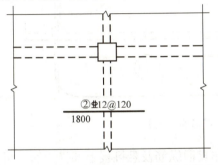

图 6-2 板支座上部非贯通纵筋对称伸出

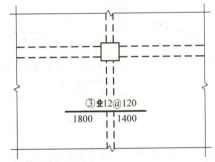

图 6-3 板支座上部非贯通纵筋非对称伸出

对贯通全跨或全悬挑长度的上部通长纵筋,其贯通一侧的长度值不注写,只注写非贯通一侧的伸出长度值即可,见图6-4。

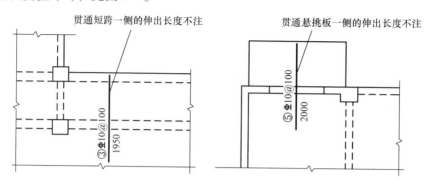

图6-4 板支座非贯通筋贯通全跨或伸出至悬挑端

当板支座为弧形,支座上部非贯通纵筋呈放射状分布时,设计者应注明配筋间距的度量位置,并加注"放射分布",必要时应补绘平面配筋图,见图6-5。

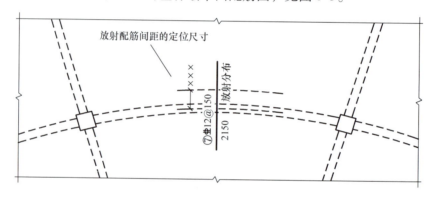

图6-5 弧形支座处放射配筋

悬挑板的注写方式见图6-6和图6-7。当悬挑板端部厚度不小于150mm时,设计者应指定板端部封边构造方式。采用U形钢筋封边时,尚应指定U形钢筋的规格、直径。

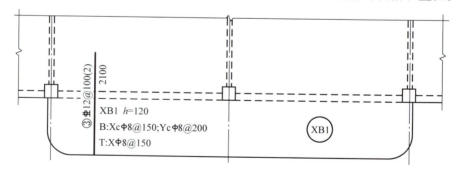

图6-6 悬挑板支座非贯通筋(一)

在板平面布置图中,不同部位的板支座上部非贯通纵筋及悬挑板上部受力筋,可仅在一个部位注写,对其他相同者则仅需在代表钢筋的线段上注写编号及横向连续布置的跨数即

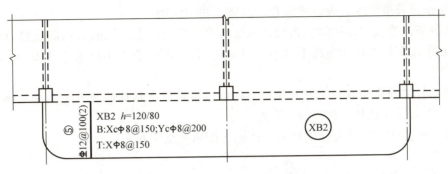

图 6-7 悬挑板支座非贯通筋（二）

可。例如：在板平面布置图某部位，横跨支承梁绘制的对称线段上注有：

⑦⌀12@100（5A）和 1500

表示支座上部⑦号非贯通纵筋为⌀12@100，从该跨起沿支承梁连续布置 5 跨加梁一端的悬挑端，该筋自支座中线向两侧跨内的伸出长度均为 1500mm。在同一板平面布置图的另一部位横跨梁支座绘制的对称线段上注有⑦（2）者，是表示该筋同⑦号纵筋，沿支撑梁连续布置 2 跨，且无梁悬挑端布置。

此外，与板支座上部非贯通纵筋垂直且绑扎在一起的构造筋或分布筋，应由设计者在图中注明。

当板的上部已配置有贯通纵筋，但需增配板支座上部非贯通纵筋时，应结合已配置的同向贯通纵筋的直径与间距采取"隔一布一"方式配置。

对"隔一布一"方式，非贯通纵筋的标注间距与贯通纵筋相同，两者组合后的实际间距为各自标注间距的 1/2。当设定贯通纵筋为纵筋总截面积的 50% 时，两种钢筋应取相同直径；当设定贯通纵筋大于或小于总截面积的 50% 时，两种钢筋应取不同直径。例如：板上部已配置贯通纵筋⌀12@250，该跨同向配置的上部支座非贯通纵筋为⌀12@250，表示在该支座上部设置的纵筋为⌀12@125，其中 1/2 为贯通纵筋，1/2 为⑤号非贯通纵筋（伸出长度值略）。板上部已配置贯通纵筋⌀10@250，该跨同向配置的上部支座非贯通纵筋为⌀12@250，表示该跨实际设置的上部纵筋为⌀10 和⌀12 间隔布置，二者之间的间距为 125mm。

施工中应注意：当支座一侧设置了上部贯通纵筋（在板块集中标注中以 T 打头），而另一侧设置了上部非贯通纵筋时，若两侧纵筋的直径、间距均相同，则应将二者连通，避免各自在支座上分别锚固。

三、其他

1）当悬挑板需要考虑竖向地震作用时，设计应注明该悬挑板纵筋抗震锚固长度按何种抗震等级。

2）板上部纵筋在端支座（梁、剪力墙顶）的锚固要求为：当设计按铰接时，平直段伸至端支座对边后弯折，且平直段长度 $\geq 0.35l_{ab}$，弯折段投影长度 $15d$（d 为纵筋直径）；当充分利用钢筋的抗拉强度时，平直段伸至端支座对边后弯折，且平直段长度 $\geq 0.6l_{ab}$，弯折段投影长度 $15d$。设计者应在平法施工图中注明采用何种构造，当多数采用同种构造时可在图注中写明，并将少数不同之处在图中注明。

3）板支承在剪力墙顶的端节点，当设计考虑墙外侧竖筋与板上部纵向受力筋搭接传力时，应满足搭接长度要求，设计者应在平法施工图中注明。

4）板纵筋的连接可采用绑扎搭接、机械连接或焊接。当板纵筋采用非接触方式的搭接连接时，其搭接部位的钢筋净距不宜小于30mm，且钢筋中心距不应大于$0.2l_l$及150mm的较小者。

【小提示】非接触搭接使混凝土能够与搭接范围内所有钢筋的全表面充分粘接，可以提高搭接钢筋之间通过混凝土传力的可靠度。

5）采用平面注写方式表达的楼盖平法施工图示例见图6-8。

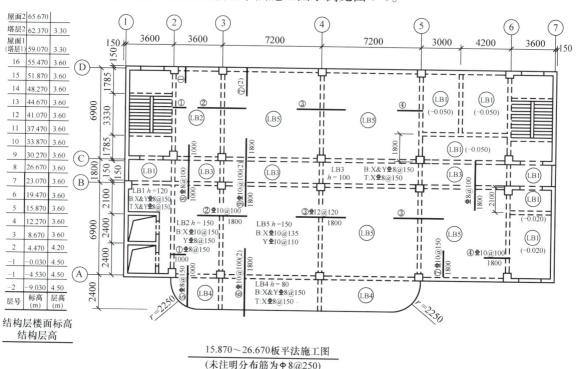

图6-8 有梁楼盖平法施工图示例

6.2 有梁楼盖钢筋排布规则

6.2.1 楼（屋）面板钢筋排布规则

下面以图6-8为例，介绍不同种类的钢筋长度计算公式。

一、贯通受力纵筋

1. 板底部受力纵筋（底筋）

板底部受力纵筋构造见图6-9。

（1）构造要点 板底部受力纵筋的构造要点如下。

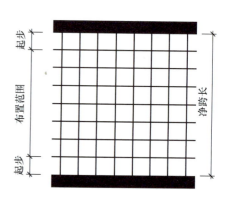

图6-9 板底部受力纵筋构造

1）与支座垂直的贯通纵筋：伸入支座≥5d 且至少到梁中线。
2）与支座同向的贯通纵筋：第一根钢筋在距梁角筋 1/2 板筋间距处开始设置。

（2）计算公式　板底部受力纵筋的计算公式如下。

板底部受力纵筋长度 = 左锚固长度 + 板净跨长 + 右锚固长度
　　　　　　　　　= 净跨长 + 伸进长度×2 + 弯钩长度×2
　　　　　　　　　= 净跨长 + 伸进长度×2 + 6.25d×2

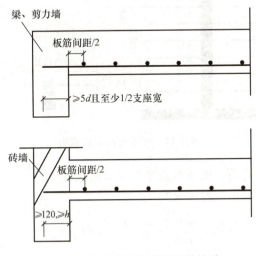

图 6-10　板底筋端部锚固钢筋构造

板底部受力纵筋端部锚固钢筋构造见图 6-10。

① 板端支座为梁、剪力墙时，伸进长度 = $\max\left(\dfrac{支座宽度}{2},\ 5d\right)$。

② 板端支座为砖墙时，伸进长度 = $\max(120\mathrm{mm},\ h)\times 2$。

③ 只有一级钢才考虑弯钩长度。

板底部受力纵筋根数 = $\dfrac{布筋范围}{布筋间距}$ + 1

　　　　　　　　　= $\dfrac{净跨长 - 起步间距\times 2}{布筋间距}$ + 1（向上取整）

式中　起步间距 = $\dfrac{布筋间距}{2}$，下同。

2. 板顶部受力纵筋（面筋）

板顶部受力纵筋长度 = 左锚固长度 + 净跨长 + 右锚固长度

式中　锚固长度 = 支座宽度 − 保护层厚度 + 15d

板顶部受力纵筋根数的计算公式同板底筋。

二、负筋

1. 边支座负筋

边支座负筋长度 = 锚固长度 + 板内净尺寸 + 弯折长度

式中　锚固长度 = 支座宽度 − h_b + 15d
　　　弯折长度 = 板厚 − 保护层厚度×2

边支座负筋根数 = $\dfrac{净跨长 - 起步间距}{间距}$ + 1（向上取整）

2. 中间支座负筋

中间支座负筋构造见图 6-11。

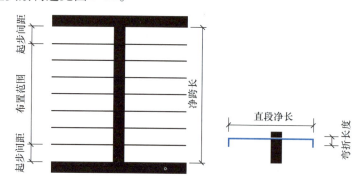

图 6-11　中间支座负筋构造

中间支座负筋长度 = 弯折长度 + 直段净长 + 弯折长度

式中　弯折长度 = 板厚 - 保护层厚度 × 2

中间支座负筋根数 = $\dfrac{净跨长 - 起步间距 \times 2}{间距}$ + 1（向上取整）

三、负筋分布筋

负筋分布筋在负筋的下侧，和负筋形成互相垂直的钢筋网片。支座负筋与分布筋构造见图 6-12。

负筋分布筋长度 = 净跨长 - 两侧负筋净长 + 150mm × 2

负筋分布筋根数 = $\dfrac{负筋净长 - 起步间距}{布筋间距}$（向上取整）

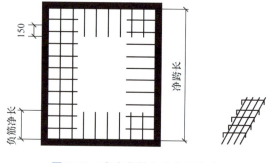

图 6-12　支座负筋与分布筋构造

【小提示】负筋分布筋的计算根数不用 +1。

四、温度筋

顶层的板会受到阳光的直射和风吹日晒，需要布置温度筋，一般情况下为板没有面筋时布置。温度筋长度计算见图 6-13。

温度筋长度 = 板净跨长 - 两侧负筋伸入板内净长 + l_l × 2

式中　l_l——抗裂构造钢筋、抗温度筋自身及其与受力主筋搭接长度。

温度筋根数 = $\dfrac{板净跨长 - 两侧负筋伸入板内净长 - 起步间距 \times 2}{温度筋间距}$ + 1

【小提示】温度筋根数向上取整。

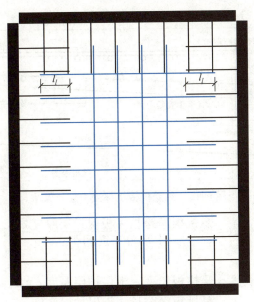

图 6-13 温度筋长度计算图

6.2.2 悬挑板钢筋排布规则

悬挑板钢筋构造见图 6-14。

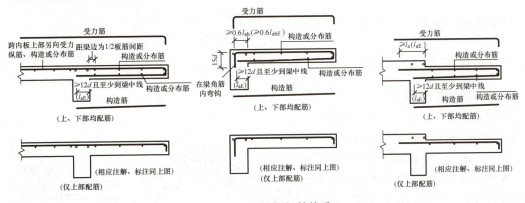

图 6-14 悬挑板钢筋构造

1. 纯悬挑板上部受力筋

纯悬挑板上部受力筋计算见图 6-15。

纯悬挑板上部受力筋长度 = 悬挑板净跨长 − 板保护层厚度 c + 锚固长度 + (板厚 − 板保护层厚度 $c×2$) + $5d$

【小提示】对 HPB300 级钢筋,该公式需要增加一个 180°弯钩值,弯钩长度为 $6.25d$。

$$纯悬挑板上部受力筋根数 = \frac{悬挑板长度 - 板保护层厚度 c \times 2}{上部受力筋间距} + 1$$

2. 纯悬挑板分布筋

(1) 上部分布筋

纯悬挑板上部分布筋长度 = 悬挑板长度 − 板保护层厚度 c − 50mm

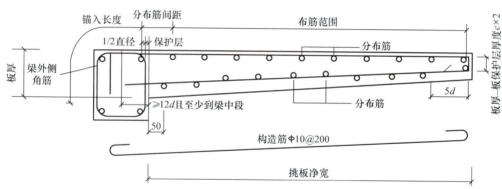

图 6-15 纯悬挑板上部受力筋计算图

纯悬挑板上部分布筋根数 = $\dfrac{悬挑板净跨长 - 板保护层厚度 c}{上部分布筋间距} + 1$

（2）下部分布筋

纯悬挑板下部分布筋长度 = 悬挑板长度 - 板保护层厚度 $c \times 2$

纯悬挑板下部分布筋根数 = $\dfrac{悬挑板净跨长 - 板保护层厚度 c}{下部分布筋间距} + 1$

3. 纯悬挑板下部受力筋

纯悬挑板下部受力筋长度 = 悬挑板净跨长 - 板保护层厚度 c + 锚固长度 max（$12d$，$0.5 \times$ 支座宽度）+ 弯钩宽度

纯悬挑板下部受力筋根数 = $\dfrac{悬挑板长度 - 板保护层厚度 c \times 2}{下部构造筋间距} + 1$

6.2.3 折板钢筋排布规则

折板钢筋构造见图 6-16。

外折角纵筋连续通过。当角度 $\alpha \geqslant 160°$ 时，内折角纵筋连续通过。当角度 $\alpha < 160°$ 时，阳角折板下部纵筋和阴角上部纵筋在内折角处交叉锚固。若受力纵筋在内折角处连续通过，则受力纵筋的合力会使内折角处板的混凝土保护层向外崩出，从而使钢筋失去粘结锚固力（钢筋和混凝土之间的粘结锚固力是钢筋和混凝土能够共同工作的基础），最终可能导致折断而破坏。

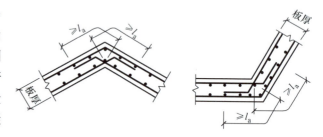

图 6-16 折板钢筋构造

6.3 有梁楼盖钢筋翻样实例

有梁楼盖钢筋翻样的基本步骤如下。

① 识读图纸，根据图纸的板块集中标注和板支座原位标注掌握图纸的配筋等信息。

② 根据钢筋的排布规则及构造要求分析钢筋的排布范围等相关信息。

③ 根据相关知识计算钢筋的下料长度。

【例 6-1】已知：某现浇混凝土梁板式楼盖 LB1，梁宽 300mm，板混凝土等级为 C25，板平法施工平面注写方式见图 6-17。环境类别为一类，锚固长度取 $34d$，板内钢筋全部采用 HPB300 级钢筋，板中未标注的分布筋为Φ8@250，板的最小保护层厚度取 15mm，梁的最小保护层厚度取 20mm。

要求：对 LB1 进行识图与翻样（提示：不考虑马凳筋的设置，非贯通筋①和②锚入梁中的规则见图 6-18，按充分利用钢筋抗拉强度计算；楼板中的第一根钢筋距离梁边缘取板钢筋间距的 1/2；楼板下部 HPB300 级钢筋需要在钢筋端部做 180°弯钩，一个弯钩的长度是 $6.25d$）。

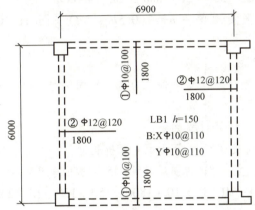

图 6-17 现浇混凝土梁板式楼盖板平法施工图

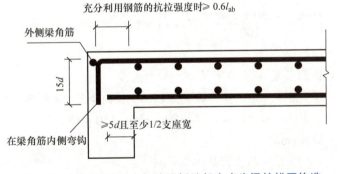

图 6-18 楼板钢筋集中标注图板端部支座为梁的锚固构造

【分析】LB1 的集中标注内容：板厚 150mm，底部贯通钢筋 X 向和 Y 向均为Φ10，间距 110mm。下部钢筋伸入支座长度取值为 max（0.5×支座宽，$5d$）= 150mm。

板支座原位标注内容：①和②为板支座上部负弯矩筋。①号筋：Φ10，间距 100mm，自梁中线向板内延伸长度为 1800mm；②号筋：Φ12，间距 120mm，自梁中线向板内延伸长度为 1800mm。已知条件中说明，板中未标注的分布筋为Φ8@250，因此，与板上部负筋垂直的分布筋为Φ8，间距 250mm。分布筋与非贯通筋的搭接长度是 150mm。

【解】
1. 计算锚固长度

①号筋：直径 $d_1 = 10$mm，锚固长度 $l_{ab_1} = 34d_1 = 340$mm > 梁宽 = 300mm。

②号筋：直径 $d_2 = 12\text{mm}$，锚固长度 $l_{ab_2} = 34d_2 = 408\text{mm} > 梁宽 = 300\text{mm}$。

①号筋和②号筋不能直锚到梁中，需要弯折 $15d$ 锚入梁中。按图 6-18 要求，伸入梁内的水平段钢筋长度 $\geq 0.6l_{ab}$ 即可。

对①号筋，$0.6l_{ab_1} = 0.6 \times 340\text{mm} = 204\text{mm}$；对②号筋，$0.6l_{ab_2} = 0.6 \times 408\text{mm} = 245\text{mm}$。为方便计算，锚固长度取值如下。

伸入梁内的水平段钢筋长度 = 梁宽度 - 梁的保护层厚度

①号筋锚入支座长度取 $(300-20)\text{mm} + 15d = 430\text{mm}$。

②号筋锚入支座长度取 $(300-20)\text{mm} + 15d = 460\text{mm}$。

板下部钢筋伸入支座长度取值为 $\max(0.5b_b, 5d) = [\max(0.5 \times 300, 5 \times 10)]\text{mm} = 150\text{mm}$。

2. 计算钢筋长度和根数

（1）钢筋编号　板上分布筋：X 向编号为③，Y 向编号为④；板下部钢筋：X 向编号为⑤，Y 向编号为⑥。

（2）钢筋长度和根数　计算过程如下。

①号筋：长度 = 锚固长度 + 板内净尺寸 + 弯折长度

= 梁支座宽 - 梁的保护层厚度 + $15d$ + 板内净尺寸 + 板厚 - 板的保护层厚度 $c \times 2$

= $(300 - 20 + 15 \times 10 + 1800 - 150 + 150 - 15 \times 2)\text{mm}$

= 2200mm

根数 = $\left(\dfrac{净跨长 - 起步间距 \times 2}{间距} + 1\right) \times 2$

= $\left(\dfrac{6900 - 150 \times 2 - 50 \times 2}{100} + 1\right) \times 2$

= 132

②号筋：长度 = 锚固长度 + 板内净尺寸 + 弯折长度

= 梁支座宽 - 梁的保护层厚度 + $15d$ + 板内净尺寸 + 板厚 - 板的保护层厚度 $c \times 2$

= $(300 - 20 + 15 \times 12 + 1800 - 150 + 150 - 15 \times 2)\text{mm}$

= 2230mm

根数 = $\left(\dfrac{净跨长 - 起步间距 \times 2}{间距} + 1\right) \times 2$

= $\left(\dfrac{6900 - 150 \times 2 - 60 \times 2}{100} + 1\right) \times 2$

= 131.6（取 132）

③号筋：长度 = 净跨长 - 两侧负筋净长 + $150\text{mm} \times 2$

= $(6900 - 2 \times 1800 + 2 \times 150)\text{mm}$

= 3600mm

根数 = （负筋净长 - 起步间距）/ 布筋间距

= $\left(\dfrac{1800 - 150 - 125}{120} + 1\right) \times 2$

= 27.4（取 28）

④号筋：长度 = 净跨长 - 两侧负筋净长 + 150mm × 2
            = (6000 - 2 × 1800 + 2 × 150) mm
            = 2700mm

根数 = (负筋净长 - 起步间距)/布筋间距
     = $\left(\dfrac{1800 - 150 - 125}{120} + 1\right) \times 2$
     = 27.4（取 28）

⑤号筋：长度 = 左锚固长度 + 板净跨长 + 右锚固长度
            = 净跨长 + 伸进长度 × 2 + 弯钩长度 × 2
            = (6900 - 150 × 2 + 150 × 2 + 6.25 × 10 × 2) mm
            = 7025mm

根数 = $\dfrac{布筋范围}{布筋间距} + 1$

     = $\dfrac{净跨长 - 起步间距 × 2}{布筋间距} + 1$

     = $\dfrac{6000 - 150 × 2 - 55 × 2}{110} + 1$

     = 51.8（取 52）

⑥号筋：长度 = 左锚固长度 + 板净跨长 + 右锚固长度
            = 净跨长 + 伸进长度 × 2 + 弯钩长度 × 2
            = (6000 - 150 × 2 + 150 × 2 + 6.25 × 10 × 2) mm
            = 6125mm

根数 = 布筋范围/布筋间距 + 1

     = $\dfrac{净跨长 - 起步间距 × 2}{布筋间距} + 1$

     = $\dfrac{6900 - 150 × 2 - 55 × 2}{110} + 1$

     = 60

现浇混凝土梁板式楼盖 LB1 钢筋配料单见表 6-2。

表 6-2　现浇混凝土梁板式楼盖 LB1 钢筋配料单

	钢筋编号	简图	级别	直径/mm	下料长度/mm	根数	质量/kg
LB1	①		Φ	10	2200	132	179.177
	②		Φ	12	2230	132	261.392
	③		Φ	8	3600	28	39.816
	④		Φ	8	2700	28	29.862
	⑤		Φ	10	7025	52	226.390
	⑥		Φ	10	6125	60	226.748
	合计	Φ8：69.678kg；　Φ10：631.315kg；　Φ12：261.392kg					

【例6-2】 已知：纯悬挑板下部构造筋见图6-19，板厚为100mm，悬挑板长度为6750mm，端部支座梁宽为300mm。混凝土保护层厚度取20mm。

要求：根据图6-19对该纯悬挑板下部构造筋进行识图与翻样。

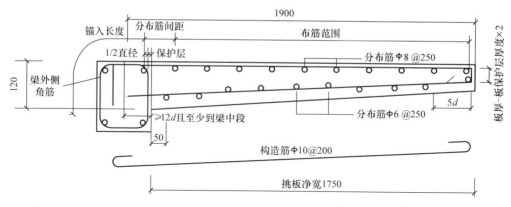

图6-19 某纯悬挑板下部构造筋示意图

【解】 纯悬挑板下部构造筋长度及下部受力筋根数的计算过程如下。

纯悬挑板净长 = （1900 - 150）mm = 1750mm

纯悬挑板下部构造筋长度 = 悬挑板净跨长 - 板保护层厚度 c + 锚固长度 max（$12d$，$0.5×$支座宽度）+ 弯钩宽度

= [1750 - 20 + max（120，150）+ 6.25×10] mm = 1943mm

纯悬挑板下部构造筋根数 = $\dfrac{悬挑板长度 - 板保护层厚度 c × 2}{下部构造钢筋间距}$ + 1 = $\dfrac{(6750 - 20 × 2) \text{ mm}}{200 \text{mm}}$ + 1 = 35

纯悬挑板下部构造筋配料单见表6-3。

表6-3 纯悬挑板下部构造筋配料单

	简图	级别	直径/mm	下料长度/mm	根数	质量/kg
纯悬挑板下部构造筋	⏝	Φ	10	1943	35	41.96
Φ10：41.96kg						

本章练习题

1. 有梁楼盖的平面坐标方向有何规定？
2. 板块集中标注中的纵筋都有哪些？分别用什么符号表示？
3. 当纵筋采用两种规格时，钢筋布置有何要求？间距为多少？
4. 当板的上部已配置有贯通纵筋，但需增配板支座上部非贯通纵筋时，应采用什么方式配置？该方式有何注意事项？
5. 已知：某现浇混凝土梁板式楼盖LB1，梁宽度为300mm，板混凝土等级为C30，板平法施工平面注写方式见图6-20，环境类别为一类，锚固长度取$30d$，板内钢筋全部采用HPB300级钢筋，板中未标注的分布筋为Φ8@200，板的最小保护层厚度取15mm，梁的最小

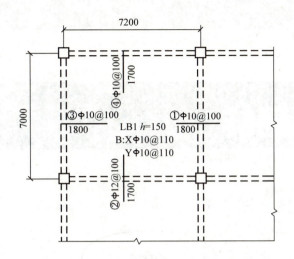

图 6-20 现浇混凝土梁板式楼盖板平法施工图

保护层厚度取 20mm。

要求：试对 LB1 进行钢筋识图与翻样（提示：不考虑马凳筋的设置，非贯通筋③和④锚入梁中的规则见图 6-21，按充分利用钢筋抗拉强度计算。楼板中的第一根钢筋距离梁边缘为板钢筋间距的 1/2；楼板下部 HPB300 级钢筋需要在钢筋端部做 180°弯钩，一个弯钩的长度是 $6.25d$）。

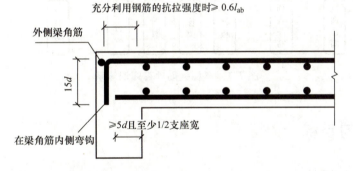

图 6-21 板端部支座为梁时的锚固构造

第7章

楼梯钢筋翻样

 本章知识体系（图 7-1）

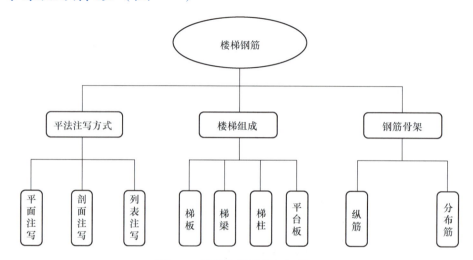

图 7-1　楼梯钢筋计算知识体系

 本章学习目标

1. 准确识读基础配筋图。
2. 准确完成楼梯钢筋的放样计算，并形成钢筋下料单。

现浇混凝土板式楼梯共有 12 种类型：AT 型、BT 型、CT 型、DT 型、ET 型、FT 型、GT 型、ATa 型、ATb 型、ATc 型、CTa 型、CTb 型。本章主要介绍 AT 型和 ATa、ATb、ATc 型楼梯。

7.1　AT 型楼梯钢筋翻样

7.1.1　AT 型楼梯平法识图

一、楼梯特征

① AT 型楼梯代号代表一段带上下支座的梯板，梯板全部由踏步段构成。

② AT 型梯板的两端分别以（低端和高端）梁为支座。

③ AT 型梯板的型号、厚度、上下部纵筋及分布筋内容由设计者在平法施工图中注明。梯板上部纵筋向跨内伸出的水平投影长度见相应的标准构造详图，设计不注明，但设计者应予以校核；当标准构造图规定的水平投影长度不满足具体工程要求时，应由设计者另行注明。

AT 型楼梯截面形状与支座位置见图 7-2。

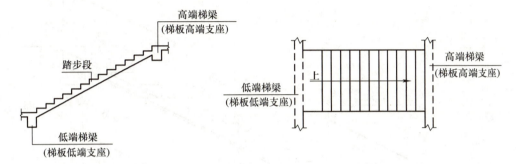

图 7-2 AT 型楼梯截面形状与支座位置示意图

二、平面注写方式与适用条件

1. 平面注写方式

AT 型楼梯平面注写方式见图 7-3a。其中，集中注写的内容有 5 项：

① 板类型代号与序号 AT××。

② 梯板厚度 h。

③ 踏步段总高度 H_s/踏步级数 $(m+1)$。

④ 上部纵筋及下部纵筋。

⑤ 梯板分布筋。

设计示例见图 7-3b。

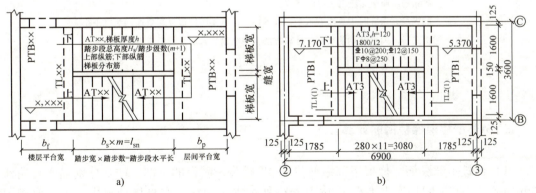

图 7-3 AT 型楼梯平面注写方式及设计示例
a）平面注写方式　b）设计示例

2. 适用条件

AT 型楼梯的适用条件为：两梯梁之间的矩形梯板全部由踏步段构成，即踏步段两端均以梯梁为支座。凡是符合该条件的楼梯均可为 AT 型，例如：双跑楼梯、剪刀楼梯和双分平行楼梯等。

7.1.2 AT型楼梯梯板钢筋排布规则

一、AT型楼梯梯板钢筋构造

AT型楼梯梯板钢筋构造见图7-4。

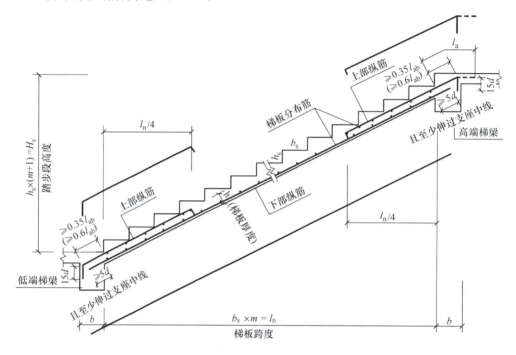

图7-4 AT型楼梯梯板钢筋构造

注：1. 图中上部纵筋锚固长度$0.35l_{ab}$用于设计按铰接的情况，括号内数据$0.6l_{ab}$用于设计考虑充分发挥钢筋抗拉强度的情况，具体工程中设计应指明采用何种情况。
2. 上部纵筋需伸至支座对边再向下弯折。
3. 上部纵筋有条件时可直接伸入平台板内锚固，从支座内边算起总锚固长度不小于l_a。
4. 梯板踏步段内斜放钢筋长度的计算方法：钢筋斜长 = 水平投影长度 × k

$$k = \frac{\sqrt{b_s^2 + h_s^2}}{b_s}$$

其中，k为斜坡系数。

二、AT型楼梯梯板钢筋计算公式

1. 梯板下部纵筋及分布筋

（1）梯板下部纵筋 梯板下部纵筋位于AT踏步段斜板的下部，两端分别锚入高端梯梁和低端梯梁。其锚固长度为不小于$5d$且至少伸过支座中线。在具体计算中，可以取锚固长度 = $\max(5d, \frac{b}{2})$，其中b为支座宽。

梯板下部纵筋长度 = 楼梯段净斜长 + 伸至上下梁中的锚固长度
            = 楼梯水平投影长度 × 斜坡系数 + 2 × 锚固长度

梯板下部纵筋根数 = $\dfrac{\text{梯板宽} - 2 \times \text{保护层厚度}}{\text{间距}} + 1$

（2）梯板下部分布筋　梯板下部分布筋的计算方法如下。

梯板下部分布筋长度 = 梯板宽 - 2 × 保护层厚度

梯板下部分布筋根数 = $\dfrac{\text{楼梯段净斜长} - 2 \times 50\text{mm}}{\text{间距}} + 1$

2. 梯板低端扣筋及分布筋

（1）梯板低端扣筋　梯板低端扣筋位于踏步段斜板的低端。扣筋的一端扣在踏步段斜板上，直钩长度为 h_1；另一端伸至低端梯梁对边再向下弯折 $15d$，弯锚水平段长度不小于 $0.35l_{ab}$（或不小于 $0.6l_{ab}$）。扣筋的延伸长度水平投影长度为 $l_n/4$。

梯板低端扣筋长度 = $\dfrac{l_n}{4}$ × 斜坡系数 + 梯板厚度 - 2 × 保护层厚度 + [0.35（或 0.6）l_{ab} + $15d$]

梯板低端扣筋根数 = $\dfrac{\text{梯板宽} - 2 \times \text{保护层厚度}}{\text{间距}} + 1$

（2）梯板低端分布筋　梯板低端分布筋的计算方法如下。

梯板低端分布筋长度 = 梯板宽 - 2 × 保护层厚度

梯板低端分布筋根数 = $\dfrac{\text{楼梯段净斜长}}{\text{间距}} + 1$

3. 梯板高端扣筋及分布筋

（1）梯板高端扣筋　梯板高端扣筋位于踏步段斜板的高端。扣筋的一端扣在踏步段斜板上，直钩长度为 h_1；另一端锚入高端梯梁内，锚入直段长度不小于 $0.4l_a$，直钩长度为 $15d$。扣筋的延伸长度水平投影长度为 $\dfrac{l_n}{4}$。

梯板高端扣筋长度 = $l_n/4$ × 斜坡系数 + 梯板厚度 - 2 × 保护层厚度 + [0.35（或 0.6）l_{ab} + $15d$] 或 l_a

锚入梁内斜长 = (高端梯梁宽度 - 保护层厚度 - 角筋直径) × 斜坡系数（>$0.35l_{ab}$ 或 $0.6l_{ab}$）

梯板高端扣筋根数 = 梯板低端扣筋根数

（2）梯板高端分布筋　梯板高端分布筋的计算方法如下。

梯板高端分布筋长度 = 梯板宽 - 2 × 保护层厚度

梯板高端分布筋根数 = 梯板低端分布筋根数

7.1.3　AT 型楼梯钢筋翻样实例

AT 型楼梯钢筋翻样计算的基本步骤如下。

（1）识读图纸，根据图纸的集中标注和原位标注掌握图纸的配筋等信息。

（2）根据钢筋的排布规则及构造要求分析钢筋的排布范围等相关信息。

（3）计算钢筋的下料长度。

【例 7-1】已知：图 7-5 为楼梯平法施工图设计示例，其中支座宽度为 240mm，保护层厚度为 25mm，梯板混凝土强度等级 C25，设计考虑充分发挥钢筋抗拉强度。

要求：试对 AT7 梯板进行钢筋翻样计算。

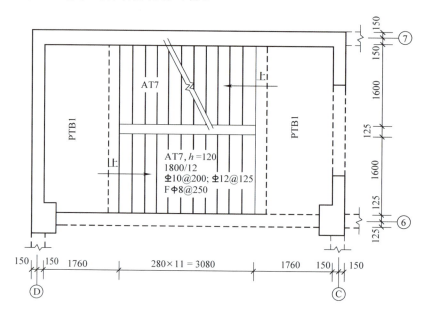

图 7-5 楼梯平法施工图设计示例

【解】

（1）基本尺寸数据　根据图 7-5，可知 AT7 梯板的基本尺寸数据。

楼梯水平投影长度 $l_n = 3080$ mm

梯板宽 $b_n = 1600$ mm

梯板厚度 $h = 120$ mm

（2）斜坡系数的计算　计算过程如下。

斜坡系数 $k = \dfrac{\sqrt{b_s^2 + h_s^2}}{b_s} = \dfrac{\sqrt{280^2 + 150^2}}{280} = 1.134$

（3）钢筋编号与计算　锚固长度 $= \max\left(5d, \dfrac{b}{2}\right) = \left[\max\left(60, \dfrac{240}{2}\right)\right]$ mm $= 120$ mm。

①号筋：梯板下部纵筋

①号筋长度 = 楼梯水平投影长度 × 斜坡系数 + 2 × 锚固长度

　　　　　= （3080 × 1.134 + 2 × 120）mm

　　　　　= 3732.72 mm

①号筋根数 = $\dfrac{\text{梯板宽} - 2 \times \text{保护层厚度}}{\text{间距}} + 1$

　　　　　= $\dfrac{1600 - 2 \times 25}{125} + 1$

　　　　　= 13.4（取 14）

②号筋：分布筋　包含梯板下部分布筋、梯板低端扣筋分布筋和梯板高端扣筋分布筋。

②号筋长度 = 梯板宽 − 2 × 保护层厚度

$$= (1600 - 2 \times 25) \text{ mm}$$
$$= 1550 \text{mm}$$

$$梯板下部分布筋根数 = \frac{楼梯段净斜长 - 2 \times 50\text{mm}}{间距} + 1$$

$$= \frac{3080 \times 1.134 - 2 \times 50}{280} + 1$$

$$= 13.12 \text{（取 14）}$$

$$梯板高（低）端扣筋分布筋根数 = \frac{l_n}{4} \times \frac{斜坡系数}{间距} + 1$$

$$= \frac{3080}{4} \times \frac{1.134}{280} + 1$$

$$= 4.12 \text{（取 5）}$$

②号筋根数 $= 14 + 5 \times 2 = 24$

③号筋：梯板扣筋　包含梯板低端扣筋和梯板高端扣筋。

查表知，受拉钢筋基本锚固长度 $l_{ab} = 33d = 33 \times 10\text{mm} = 330\text{mm}$。

③号筋长度 $= \frac{l_n}{4} \times 斜坡系数 + 0.6l_{ab} + 15d + 梯板厚度 - 2 \times 保护层厚度$

$$= \left(\frac{3080}{4} \times 1.134 + 0.6 \times 330 + 15 \times 10 + 120 - 2 \times 25\right) \text{mm}$$

$$= 1291.18 \text{mm}$$

$$梯板高（低）端扣筋根数 = \frac{梯板宽 - 2 \times 保护层厚度}{间距} + 1$$

$$= \frac{1600 - 2 \times 25}{200} + 1$$

$$= 8.75 \text{（取 9）}$$

③号筋根数 $= 9 \times 2 = 18$

【小提示】上述过程只计算了一跑 AT7 的钢筋，一个楼梯间有两跑 AT7，把上述的钢筋数量乘以 2 即可。

AT7 梯板钢筋配料单见表 7-1。

表 7-1　AT7 梯板钢筋配料单

钢筋编号		简图	级别	直径/mm	下料长度/mm	根数	质量/kg
AT7	①	———————	⏀	12	3732.72	14	46.405
	②	———————	⏀	12	1550	24	33.034
	③	⌐————¬	⏀	12	1291.18	18	20.638
	合计		⏀12：100.077kg				

7.2 ATa、ATb、ATc 型楼梯钢筋翻样

7.2.1 ATa、ATb、ATc 型楼梯平法识图

一、ATa、ATb 型楼梯

1. 楼梯特征

ATa、ATb 型为带滑动支座的板式楼梯，梯板全部由踏步段构成，其支承方式为梯板高端均支承在梯梁上，ATa 型梯板低端带滑动支座支承在梯梁上，ATb 型梯板低端带滑动支座支承在挑板上，采用双层双向配筋。

2. 平面注写方式与适用条件

（1）平面注写方式　ATa、ATb 型楼梯平面注写方式见图 7-6。其中，集中注写的内容有 5 项：

① 梯板类型代号与序号 ATa××（ATb××）。
② 梯板厚度 h。
③ 踏步段总高度 H_s/踏步级数（$m+1$）。
④ 上部纵筋及下部纵筋。
⑤ 梯板分布筋。

（2）适用条件　ATa、ATb 型楼梯的适用条件为：两梯梁之间的矩形梯板全部由踏步段构成，即踏步段两端均以梯梁为支座，且梯板低端支座处做成滑动支座。

二、ATc 型楼梯

1. 楼梯特征

① 梯板全部由踏步段构成，其支承方式为梯板两端均支承在梯梁上。
② 楼梯休息平台与主体结构可整体连接，也可脱开。
③ 梯板厚度应按计算确定，且不宜小于 140mm，梯板采用双层配筋。
④ 平台板按双层双向配筋。

2. 平面注写方式与适用条件

（1）平面注写方式　ATc 型楼梯平面注写方式见图 7-7。其中，集中标注的内容 5 项：

① 梯板类型代号与序号 ATc××。
② 梯板厚度 h。
③ 踏步段总高度 H_s/踏步级数（$m+1$）。
④ 上部纵筋及下部纵筋。
⑤ 梯板分布筋。

（2）适用条件　ATc 型楼梯的适用条件为：两梯梁之间的矩形梯板全部由踏步段构成，即踏步段两端均以梯梁为支座。框架结构中，楼梯中间平台通常设梯柱、梯梁，中间平台可与框架柱连接（2 个梯柱形式）或脱开（4 个梯柱形式）。

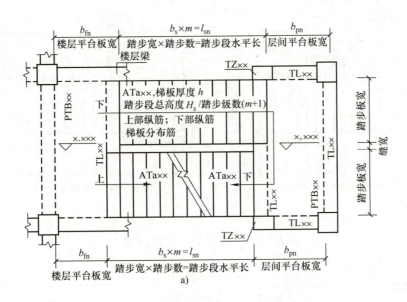

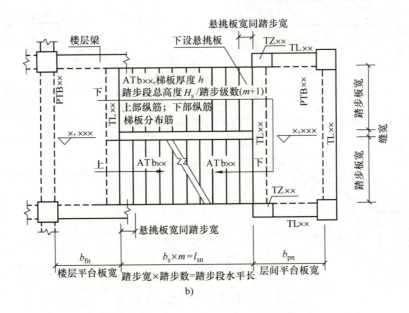

图 7-6 ATa、ATb 型楼梯平面注写方式
a) ATa 型楼梯平面注写方式 b) ATb 型楼梯平面注写方式

7.2.2 ATa、ATb、ATc 型楼梯梯板钢筋排布规则

ATa、ATb、ATc 型楼梯梯板钢筋构造分别见图 7-8~图 7-10。

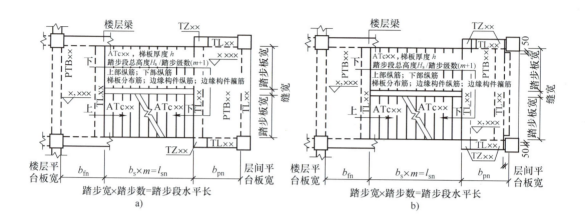

图 7-7 ATc 型楼梯平面注写方式

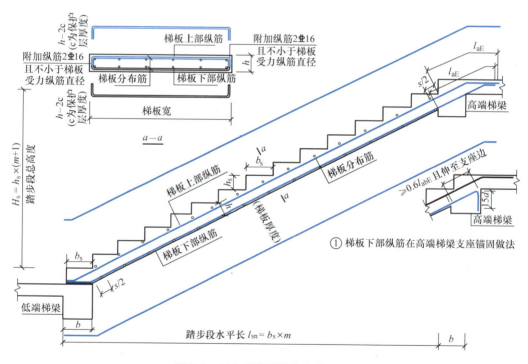

图 7-8 ATa 型楼梯梯板钢筋构造

一、钢筋构造要点

1. ATa、ATb 型楼梯梯板钢筋构造要点

（1）踏步段纵筋（双层配筋） 踏步段下端平伸至踏步段下端的尽头。踏步段上端的下部纵筋及上部纵筋均伸进平台板，锚入梁（板）l_{ab}。

（2）分布筋 两端均做直钩，长度 = $h - 2 \times$ 保护层厚度。下层分布筋设在下部纵筋的下面；上层分布筋设在上部纵筋的上面。

（3）附加纵筋 分别设置在上、下层分布筋的拐角处。

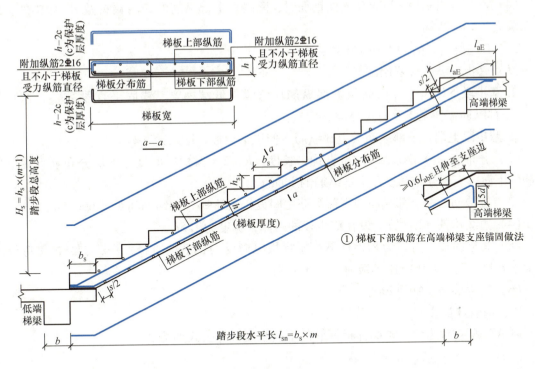

图 7-9 ATb 型楼梯梯板钢筋构造

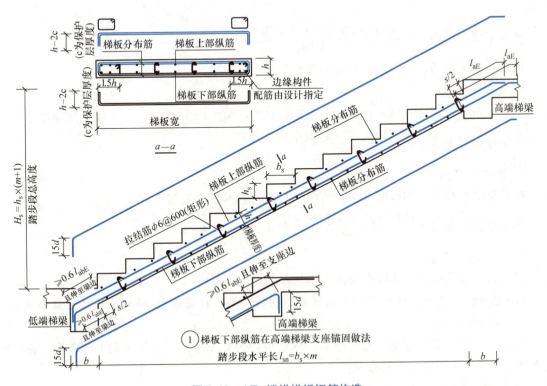

图 7-10 ATc 楼梯梯板钢筋构造

(4)弯钩　当采用 HPB300 光面钢筋时,除楼梯上部纵筋的跨内端头做 90°弯钩外,所有末端应做 180°弯钩。

2. ATc 型楼梯梯板钢筋构造要点

(1)踏步段纵筋(双层配筋)

① 踏步段下端:下部纵筋及上部纵筋均弯锚入低端梯梁,锚固平直段 ≥ l_{aE},弯折段 15d。上部纵筋需伸至支座对边再向下弯折。

② 踏步段上端:下部纵筋及上部纵筋均伸进平台板,锚入梁(板)l_{ab}。

(2)分布筋　分布筋两端均做直钩,长度 = h − 2 × 保护层厚度。下层分布筋设在下部纵筋的下面;上层分布筋设在上部纵筋的上面。

(3)拉结筋　在上部纵筋和下部纵筋之间设拉结筋Φ6,拉结筋间距为 600mm。

(4)边缘构件(暗梁)　设在踏步段的两侧,宽度为 1.5h。

(5)暗梁纵筋　直径为Φ12 且不小于梯板纵向受力钢筋的直径;一、二级抗震等级时不少于 6 根;三、四级抗震等级时不少于 4 根。

(6)暗梁箍筋　Φ6@200。

二、钢筋计算公式

以 ATc 型楼梯为例,楼梯梯板钢筋的下料长度计算公式如下。

1. 梯板下部纵筋和上部纵筋

梯板下部纵筋长度 = 15d +(梯梁宽 − 保护层厚度 + 楼梯水平投影长度)× 斜坡系数 + 锚固长度 l_{aE}

$$梯板下部纵筋根数 = \frac{梯板净宽 − 2 × 1.5 × 梯板厚度}{间距}$$

梯板上部纵筋的计算方法同梯板下部纵筋。

2. 梯板分布筋

梯板分布筋水平段长度 = 梯板净宽 − 2 × 保护层厚度 + 梯板厚度 − 2 × 保护层厚度

$$梯板分布筋根数 = \frac{梯板净跨度 × 斜坡系数}{间距}$$

3. 梯板拉结筋

梯板拉结筋长度 = 梯板厚度 − 2 × 保护层厚度 + 2 × 拉筋直径

$$梯板拉结筋根数 = \frac{梯板净跨度 × 斜坡系数}{600}$$

4. 梯板暗梁箍筋

梯板暗梁箍筋根数 = 梯板净跨度 × 斜坡系数/间距

【小提示】上式为一道暗梁的箍筋根数,两道暗梁的箍筋根数 = 2 × 梯板暗梁箍筋根数。

5. 梯板暗梁纵筋

根据 16G101—2 的规定,每道暗梁的纵筋根数为 6(一、二级抗震时),暗梁纵筋直径为Φ12(不小于纵向受力钢筋直径)。

两道暗梁的纵筋根数 = 2 × 6 = 12

通常情况下,梯板暗梁纵筋长度同梯板下部纵筋。

7.2.3 ATa、ATb、ATc 型楼梯梯板钢筋翻样实例

【例7-2】 已知：ATc3 平面布置见图 7-11。混凝土强度等级为 C30，抗震等级为一级，梯梁宽度为 200mm，环境类别为一类。

要求：试对 ATc3 梯板钢筋进行翻样计算。

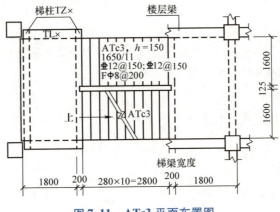

图 7-11　ATc3 平面布置图

【解】

1）根据图 7-11，可知 ATc3 楼梯板的基本尺寸数据如下。

楼梯水平投影长度 $l_n = 2800 \text{mm}$

梯板净宽 $b_n = 1600 \text{mm}$

梯板厚度 $h = 150 \text{mm}$

查表知：$l_{aE} = 40d = 40 \times 12 \text{mm} = 480 \text{mm}$

保护层厚度 $= 15 \text{mm}$

2）斜坡系数的计算

斜坡系数 $k = \dfrac{\sqrt{b_s^2 + h_s^2}}{b_s} = \dfrac{\sqrt{280^2 + 150^2}}{280} = 1.134$

3）钢筋计算

①号筋：梯板纵筋

梯板下部纵筋长度 = 15d + (梯梁宽度 − 保护层厚度 + 楼梯水平投影长度) × 斜坡系数 + 锚固长度 l_{aE}

$= [15 \times 12 + (200 - 15 + 2800) \times 1.134 + 480] \text{mm}$

$= 4045 \text{mm}$

梯板下部纵筋根数 = $\dfrac{\text{梯板净宽} - 2 \times 1.5 \times \text{梯板厚度}}{\text{间距}}$

$= \dfrac{1600 - 2 \times 1.5 \times 150}{150}$

$$= \frac{1150}{150}$$
$$= 7.7 \text{（取 8）}$$

梯板上部纵筋的计算过程同梯板下部纵筋。

①号筋长度 $= 4045 \text{mm}$

①号筋根数 $= 2 \times 8 = 16$

②**号筋：梯板分布筋**

②号筋长度 = 梯板净宽 $- 2 \times$ 保护层厚度 + 梯板厚度 $- 2 \times$ 保护层厚度

$= (1600 - 2 \times 15 + 150 - 2 \times 15) \text{mm}$

$= 1690 \text{mm}$

②号筋根数 $= \dfrac{\text{楼梯水平投影长度} \times \text{斜坡系数}}{\text{间距}}$

$= \dfrac{2800 \times 1.134}{200}$

$= 15.9 \text{（取 16）}$

③**号筋：梯板拉结筋**

③号筋长度 = 梯板厚度 $- 2 \times$ 保护层厚度 $+ 2 \times$ 拉结筋直径

$= (150 - 2 \times 15 + 2 \times 6) \text{mm}$

$= 132 \text{mm}$

③号筋根数 $= \dfrac{\text{楼梯水平投影长度} \times \text{斜坡系数}}{600}$

$= \dfrac{2800 \times 1.134}{600}$

$= 5.3 \text{（取 6）}$

④**号筋：梯板暗梁箍筋**　梯板暗梁箍筋为 Φ6@200。

④号筋宽度 $= 1.5h - 2 \times$ 保护层厚度 $- 2d$

$= (1.5 \times 150 - 2 \times 15 - 2 \times 6) \text{mm}$

$= 183 \text{mm}$

④号筋高度 $= h - 2 \times$ 保护层厚度 $- 2d$

$= (150 - 2 \times 15 - 2 \times 6) \text{mm}$

$= 108 \text{mm}$

④号筋长度 = ④号筋外皮尺寸 $+ 1.9d + 2\max(75\text{mm}, 10d)$

$= [(183 + 108) \times 2 + 1.9 \times 6 + 2 \times \max(75, 10 \times 6)] \text{mm}$

$= 743.4 \text{mm}$

一道暗梁的箍筋根数 = 楼梯水平投影长度 × 斜坡系数/间距

$= 2800 \times 1.134/200$

$= 15.9 \text{（取 16）}$

④号筋根数 = 两道暗梁的箍筋根数 $= 2 \times 16 = 32$

ATc3 钢筋配料单见表 7-2。

表 7-2　ATc3 钢筋配料单

钢筋编号		简图	级别	直径/mm	下料长度/mm	根数	质量/kg
ATc3	①		⊈	12	4045	16	57.471
	②		⊈	12	1690	16	45.022
	③		Φ	6	132	6	0.176
	④		Φ	6	743.4	32	5.281
合计			⊈12：102.493kg；Φ6：5.457kg				

本章练习题

1. 斜坡系数如何计算？
2. AT 型楼梯具有什么特征？
3. AT 型楼梯的适用范围是什么？
4. ATa、ATb、ATc 型楼梯有哪些相同之处与不同之处？
5. ATc 型楼梯梯板暗梁有哪些构造上的要求？
6. 图 7-12 为 AT7 楼梯平法施工图，其中支座宽度为 240mm，保护层厚度为 25mm，梯板混凝土强度等级 C25，设计考虑充分发挥钢筋抗拉强度。试对 AT7 梯板进行钢筋翻样计算。

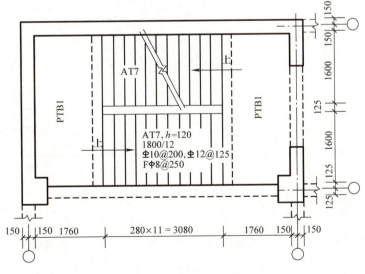

图 7-12　AT7 楼梯平法施工图

7. ATc3 楼梯平法施工图见图 7-13。混凝土强度等级为 C30，抗震等级为一级，梯梁宽度为 200mm，环境类别为二 a。试对 ATc3 梯板进行钢筋翻样计算。

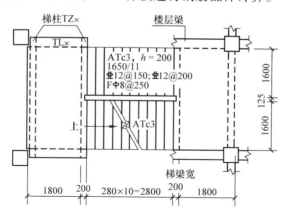

图 7-13 ATc3 楼梯平法施工图

第8章

钢筋加工、绑扎及质量验收

本章知识体系（图8-1）

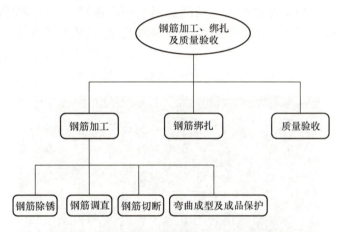

图8-1　钢筋加工、绑扎及质量验收知识体系

本章学习目标

1. 了解钢筋加工工艺。
2. 熟悉钢筋绑扎的施工工艺。
3. 掌握质量验收相关内容。

8.1　钢筋加工

一、钢筋除锈

《混凝土结构工程施工质量验收规范》（GB 50204—2015）规定，钢筋应平直、无损伤，表面不得有裂纹、油污、颗粒状或片状老锈。除锈应在钢筋调直后、弯曲前进行，尽量利用钢筋冷拉和调直工序进行除锈。钢筋常用的除锈方法有人工除锈、化学除锈、机械除锈和火焰除锈。

（1）人工除锈　人工使用刮刀、钢丝球、砂布等工具对生锈钢筋进行处理，劳动强度大、除锈质量差，且不适用于大面积除锈，只有在其他方法都不具备的条件下才能局部采用，见图8-2。

（2）化学除锈（亦称酸洗除锈）利用酸洗液中的酸与金属氧化物进行化学反应，使金属氧化物溶解转变成氯化铁或者硫酸铁，以达到除去钢材表面的锈蚀和污物的目的。在化学除锈后，一定要用大量清水清洗并钝化处理。化学除锈所产生的大量废水、废酸、酸雾会造成环境污染，如果处理不当，还会造成金属表面过蚀，形成麻点。

图8-2 人工除锈

（3）机械除锈　一般是通过动力带动圆盘钢丝刷高速转动，轻刷钢筋表面锈斑；对于直径较小的盘条钢筋，可以通过调直自动清理。喷砂法除锈是不错的机械除锈方法之一，它是通过空压机、储砂罐、喷砂管、喷头等设备，利用空压机产生的强大气流形成高压砂流除锈，适用于大量除锈工作，且能达到较好的除锈效果，见图8-3。

图8-3 喷砂法除锈

（4）火焰除锈　火焰除锈是利用气焊枪对少量手工难以清除的锈蚀斑进行烧红，高温使铁锈的氧化物改变化学成分，从而达到除锈的目的。使用此法时，须注意不要让金属表面烧穿，以防产生表面受热变形。

二、钢筋调直

弯曲不直的钢筋在混凝土结构中不能与混凝土共同工作而导致混凝土出现裂缝，产生不应有的破坏。若用未经调直的钢筋下料，则下料钢筋的长度不可能准确，从而会影响到钢筋成型、绑扎安装等一系列工序的准确性。因此，钢筋调直是钢筋加工中不可缺少的工序。

（1）手工调直　直径在10mm以下的盘条钢筋，在施工现场一般采用手工调直；对于冷拔低碳钢丝，可通过导轮牵引调直。采用手工调直时，如牵引过轮的钢丝还存在局部慢弯，则可用小锤敲打调直。此外，也可以使用蛇形管调直。将蛇形管固定在支架上，需要调直的钢丝穿过蛇形管，用人力向前牵引，即可将钢丝基本调直，局部慢弯处可用小锤加以调直，见图8-4。

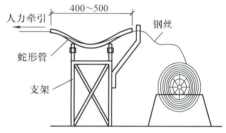

图8-4 手工调直

(2) 机械调直 机械调直是通过钢筋调直机（一般也有切断钢筋的功能，因此通称钢筋调直切断机）实现的，这类设备适用于处理冷拔低碳钢丝和直径不大于 14mm 的细钢筋，都有国家定型产品。调直机的调直原理见图 8-5。

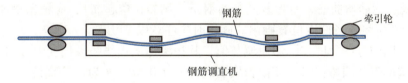

图 8-5 机械调直

粗钢筋也可以采用机械调直。由于没有国家定型设备，因此对于工作量很大的单位，可自制调直机，一般制成机械锤式，用平直锤锤压弯折部位。粗钢筋也可以利用卷扬机结合冷拉工序进行调直。根据 GB 50204—2015 的规定，弯折钢筋不得调直后作为受力筋使用，因此粗钢筋应注意在运输、加工、安装过程中的保护，弯折后经调直的粗钢筋只能作为非受力筋使用。

三、钢筋切断

钢筋经调直后，即可按下料长度进行切断。钢筋的切断常采用手工切断和机械切断两种方法。

(1) 手工切断 手工切断可采用以下几种方法。

① 断丝钳：主要用于切断钢丝或较细的钢筋，见图 8-6。

② 手动切断机：主要用于切断直径为 16mm 以下的钢筋，见图 8-7。

③ 手动液压切断机：用于切断直径为 16mm 以下的钢筋，比手动切断机更高效，见图 8-8。

图 8-6 断丝钳   图 8-7 手动切断机   图 8-8 手动液压切断机

(2) 机械切断 机械切断可采用以下几种方法。

① 卧式切断机：机械传动、结构简单、使用方便，主要由电动机、传动系统、机体和切断刀等组成，适用于切断 6~40mm 普通钢筋。

② 便携式切断机：主要用于构件预制厂的钢筋加工生产线。

③ 电动液压切断机：主要由电动机、液压传动系统、操纵装置和刀片等组成。

四、钢筋的弯曲成型及成品保护

1. 钢筋的弯曲成型工艺

（1）画线　钢筋弯曲前，对形状复杂的钢筋（例如：弯起筋），应根据钢筋料牌上标明的尺寸，用滑石笔将各弯曲点位置画出。画线时应注意以下几点。

① 根据不同的弯曲角度扣除弯曲调整值，其扣法是从相邻两段长度中各扣一半。

② 钢筋端部带半圆弯钩时，该段长度画线时增加 $0.5d$（d 为钢筋直径）。

③ 画线工作宜从钢筋中线开始向两边进行；两边不对称的钢筋，也可从钢筋一端开始画线，如画到另一端有出入，则应重新调整。

【例 8-1】一根直径 20mm 的弯起筋，其所需的形状和尺寸见图 8-9。画线方法如下：

第 1 步：在钢筋中心线上画第 1 道线。

第 2 步：取中段 $\dfrac{4000\text{mm}}{2} - \dfrac{0.5d}{2} = 1995\text{mm}$，画第 2 道线。

第 3 步：取斜段 $635\text{mm} - \dfrac{2 \times 0.5d}{2} = 625\text{mm}$，画第 3 道线。

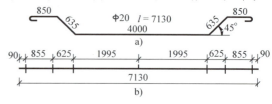

图 8-9　弯起筋的画线

第 4 步：取直段 $850\text{mm} - \dfrac{0.5d}{2} + 0.5d = 855\text{mm}$，画第 4 道线。

上述画线方法仅供参考。第一根钢筋成型后，应与设计尺寸校对一遍，完全符合后再成批生产。

（2）钢筋弯曲成型　钢筋在弯曲机上成型时（见图 8-10），心轴直径应是钢筋直径的 2.5～5.0 倍，成型轴宜加偏心轴套，以便适应不同直径的钢筋弯曲需要。弯曲细钢筋时，为了使弯弧一侧的钢筋保持平直，挡铁轴宜做成可变挡架或固定挡架（加铁板调整）。

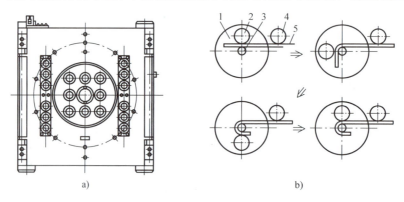

图 8-10　钢筋弯曲成型

a）GW40 型钢筋弯曲机上视图　b）钢筋弯曲机的操作过程

1—工作盘　2—成型轴　3—心轴　4—挡铁轴　5—钢筋

钢筋弯曲点线与心轴的关系见图 8-11。由于成型轴和心轴在同时转动，就会带动钢筋向前滑移，因此，钢筋弯 90°时，弯曲点线约与心轴内边缘平齐；弯 180°时，弯曲点线距心轴内边缘为 $(1.0～1.5)d$（钢筋硬时取大值）。

【小提示】 对 HRB335 与 HRB400 钢筋，不能弯过头再弯过来，以免钢筋弯曲点处产生裂纹。

（3）曲线形钢筋成型 曲线形钢筋成型时（见图 8-12），可在原有钢筋弯曲机的工作盘中央，放置一个十字架和圆形钢套；另外在工作盘 4 个孔内插上短轴和成型圆形钢套（和中央圆形钢套相切）。插座板上的挡轴圆形钢套尺寸可根据钢筋曲线形状选用。钢筋成型过程中，成型圆形钢套起顶弯作用，十字架只协助推进。

（4）螺旋形钢筋成型 螺旋形钢筋，除小直径的已有专门机械生产外，一般可用手摇滚筒成型，见图 8-13。

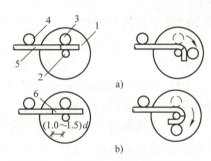

图 8-11 钢筋弯曲点线与心轴的关系
a) 弯 90° b) 弯 180°
1—工作盘 2—心轴 3—成型轴
4—固定挡铁 5—钢筋 6—弯曲点线

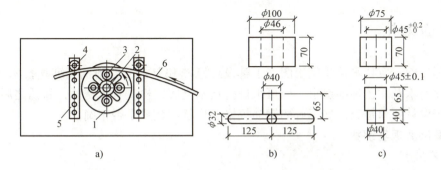

图 8-12 曲线形钢筋成型
a) 工作简图 b) 十字架及圆形钢套详图 c) 桩柱及圆形钢套详图
1—工作盘 2—十字架及圆形钢套 3—桩柱及圆形钢套
4—挡轴圆形钢套 5—插座板 6—钢筋

2. 钢筋成品保护

1）钢筋在运输和安装过程中，应轻装轻卸，不得随意抛掷和碰撞，防止钢筋变形。

2）加工成型的钢筋或骨架运至现场后，应分别按工号、结构部位、钢筋编号和规格等整齐堆放，保持钢筋表面清洁，防止被油渍、泥土污染或压弯变形。

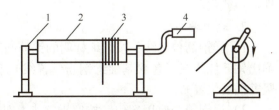

图 8-13 螺旋形钢筋成型
1—支架 2—卷筒 3—钢筋 4—摇把

3）钢筋的原材加工预制好的成品料做好标识，要用 100mm×100mm 的木方垫起，做好防潮工作。雨期施工时，钢筋堆放地要作好排水措施和必要的苫盖。

4）直螺纹戴好保护套，防止撞伤螺纹。

5）注意防止钢筋的污染，并做好钢筋的除锈、防锈工作。

6）在板筋绑扎过程中和钢筋绑好后，不得在已绑好的钢筋上行人、堆物，特别是防止踩踏压坍雨篷、挑檐、阳台等悬挑结构的钢筋，以免影响结构强度和使用安全。如果因为施工操作及运送材料必须上人，须采取一定措施，例如：增设马凳、铺脚手板等。

7）楼板等的负筋绑好后，在浇筑混凝土前应进行检查、整修，保持不变形，在浇筑混凝土时设专人负责整修。

  8）墙、柱钢筋绑扎完成后不得上人蹬踏。

  9）绑扎钢筋时，防止碰动预埋铁件及洞口模板。

  10）模板内表面涂刷隔离剂时，应避免污染钢筋。每次浇筑混凝土时，必须设专人用湿布对墙、柱筋进行及时清理。

  11）安装电线管、暖卫管线或其他管线埋设物时，应避免任意切断和碰动钢筋。若需要断筋，应及时通报土建技术负责人，作好必要的加固补强措施，方可断筋，并应注意钢筋混凝土保护层的控制。

  12）浇筑墙、柱混凝土时，不得随意扳弯伸出的竖筋。

  13）浇筑墙、柱混凝土时，钢筋作业班组必须有看筋人员，发现钢筋偏位要及时纠正，发现随意破坏成品钢筋的行为要及时制止。

8.2　钢筋绑扎

  钢筋绑扎前，应认真熟悉施工图，了解设计意图和要求，编制钢筋绑扎技术交底方案，并根据设计要求及工艺标准要求，向班组进行技术交底；检查有无锈蚀，除锈之后再运至绑扎部位；按设计要求检查已加工好的钢筋规格、形状和数量是否正确。

一、基础底板筋绑扎

1. 工艺流程

  1）基础底板为单层筋的绑扎工艺流程：弹钢筋位置线→运钢筋到使用部位→绑底板下层筋→水电工序插入→放置垫块→设置插筋定位框→插墙、柱预埋钢筋并加固稳定→验收。

  2）基础底板为双层筋的绑扎工艺流程：弹钢筋位置线→运钢筋到使用部位→绑底板下层筋→放置垫块→水电工序插入→摆放马凳→绑底板上层筋→设置插筋定位框→插墙、柱预埋筋→验收。

2. 施工要点

  1）弹钢筋位置线：按图纸标明的钢筋间距，算出底板实际需要的钢筋根数。在垫层上弹出钢筋位置线（包含基础梁钢筋位置线）和插筋位置线（包含剪力墙、框架柱和暗柱等竖筋插筋位置）。

  2）运钢筋到使用部位：按照钢筋绑扎使用的先后顺序，分段进行钢筋调运。调运前，应根据弹性情况算出实际需要的钢筋根数。

  3）绑底板下层筋：

  ① 先铺底板下层筋，根据规范和下料单要求，决定下层哪个方向的钢筋在下面。一般先铺设短向筋，再铺设长向筋。若底板有集水坑、设备基坑，则在铺底板下层筋前，先铺集水坑、设备基坑的下层筋。

  ② 根据已弹好的位置线将横向、纵向钢筋依次摆放到位，钢筋弯钩应垂直向上。

  ③ 底板筋如有接头，搭接位置应错开。

  ④ 进行钢筋绑扎时，单向板靠近外围两行的相交点应逐点绑扎，中间部分可间隔交错绑扎。双向受力的钢筋必须将钢筋交叉点全部绑扎，如采用一面顺扣，应交错变换方向；也可采用八字扣，但必须保证钢筋不移位。

4）放置垫块：检查底板下层筋施工合格后，放置底板混凝土保护层用垫块，垫块的厚度等于保护层厚度。

5）水电工序插入：在底板筋绑扎完毕后，方可进行水电工序插入。

6）摆放马凳：基础底板采用双层筋时，绑完下层筋后，摆放钢筋马凳。马凳摆放时按施工方案确定间距。马凳宜支撑在下层筋上，并应垂直于底板上层筋的下筋摆放，摆放要稳固。

7）绑底板上层筋：在马凳上摆放纵横两个方向的上层筋，上层筋的弯钩朝下，进行连接后绑扎。绑扎时，上层筋和下层筋的位置应对正，钢筋的上下次序及绑扣方法同底板下层筋。

8）设置插筋定位框：钢筋绑扎完成后，根据在防水保护层（或垫层）上弹好的墙、柱插筋位置线，在底板上往上固定插筋定位框，可以采用线坠垂吊的方法使其同位置线对正。

9）验收：为便于及时修正和减少返工量，验收可分为两个阶段进行，即下层筋完成和上层筋、插筋完成。分阶段绑扎完成后，对绑扎不到位的地方进行局部调整，然后对现场进行清理，分别报工长进行交接和质检员专项验收。全部完成后，填写钢筋工程隐蔽通知单。

二、柱钢筋绑扎

（1）工艺流程　弹柱子线→剔除柱混凝土表面浮浆→修理柱钢筋→套柱箍筋→搭接绑扎竖向受力筋→画箍筋间距线→绑箍筋。

（2）施工要点

1）套柱箍筋：按图纸要求间距，计算好每根柱箍筋的数量，先将箍筋套在下层伸出的搭接筋上，然后立柱钢筋，在搭接长度内，绑扣不少于3个，且向柱中心绑扣。

2）搭接绑扎竖向受力筋：柱主筋立起后，绑扎接头的搭接长度、接头面积百分率应符合设计要求。施工现场柱竖向受力筋的连接一般根据直径大小进行确定。直径小于14mm时，一般采用绑扎搭接；直径在14~16mm之间时，一般采用电渣压力焊焊接；直径超过16mm时，一般采用机械连接。

3）画箍筋间距线：在立好的柱竖筋上，按图纸要求用粉笔画出箍筋间距线。

4）绑箍筋：

①根据已画好的箍筋位置线，将已套好的箍筋往上移动，由上往下绑扎，宜采用缠扣绑扎，见图8-14。

②箍筋与主筋要垂直，箍筋转角处与主筋交点均要绑扎，主筋与箍筋非转角部分的相交点为梅花交错绑扎。

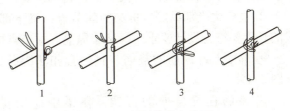

图8-14　缠扣绑扎示意图

③箍筋的弯钩叠合处应沿柱竖筋交错布置，并绑扎牢固。

④柱基、柱顶和梁、柱交接处的箍筋间距应按设计要求加密。柱上下两端箍筋应加密，加密区长度及加密区内箍筋间距应符合设计图纸要求。

⑤柱筋保护层厚度符合规范要求，垫块应绑在柱竖筋外皮上，间距一般1000mm；或用塑料卡卡在外竖筋上，以保证主筋保护层厚度准确。

三、剪力墙钢筋绑扎

（1）工艺流程　墙体弹线→剔凿墙体混凝土浮浆→修理预留搭接钢筋→绑扎水平筋→

绑扎拉筋或支撑。

(2) 施工要点

① 将预留钢筋调直理顺,并将其表面混凝土浮浆等杂物清理干净。先立 2~4 根纵筋,并画好水平筋分档标志,然后在下部及齐胸处绑两根定位水平筋,并在横筋上画好分筋分档标志,接着绑其余纵筋,最后绑其余横筋。当剪力墙中有暗梁、暗柱时,应先绑扎暗梁、暗柱,再绑周围横筋。

② 墙体的水平筋和竖筋应错开搭接,搭接长度和锚固长度应符合规范要求。

③ 剪力墙钢筋网绑扎时,全部钢筋的相交点都要扎牢。绑扎时,相邻绑扎点的铁丝扣成八字形,以免网片歪斜变形。

④ 绑扎时,水平筋绑在墙体竖向筋的外侧,水平筋的第一根起步筋距混凝土面 50mm,所有交叉点逐点绑扎,不得漏扣;拉结筋应与剪力墙每排的竖筋和水平筋绑扎,纵横间距不大于 600mm,以保证墙体钢筋的正确位置。

⑤ 钢筋外皮绑扎垫块、塑料卡或梯子筋,以保证钢筋的保护层厚度。

四、梁钢筋绑扎

(1) 工艺流程

1) 模内绑扎:画主、次梁箍筋间距→放主、次梁箍筋→穿主梁底层纵筋→穿次梁底层纵筋并与箍筋固定→穿主梁上层架立筋→按箍筋间距绑扎→穿次梁上层纵筋→按箍筋间距绑扎。

2) 模外绑扎(先在梁模板上绑扎成型后再入模内):画箍筋间距→在主、次梁模板上铺横杆数根→在横杆上放箍筋→穿主梁下层纵筋→穿次梁下层钢筋→穿主梁上层钢筋→按箍筋间距绑扎→穿次梁上层纵筋→按箍筋间距绑扎→抽出横杆落骨架于模板内。

(2) 施工要点

① 在梁侧模板上画出箍筋间距,摆放箍筋。

② 先穿主梁的下部纵向受力筋及弯起筋,将箍筋按已画好的间距逐个分开;穿次梁下部受力筋,并套好箍筋;放主、次梁的架立筋;隔一定间距将架立筋与箍筋绑扎牢固;调整箍筋间距符合设计要求,绑架立筋,再绑主筋,主、次梁同时配合进行。

③ 框架梁上部纵筋应贯穿中间节点,梁下部纵筋伸入中间节点的锚固长度及伸过中心线的长度要符合设计要求。框架梁纵筋在端节点内的锚固长度也要符合设计要求。

④ 绑梁上部纵筋的箍筋,宜用套扣法绑扎,见图 8-15。

⑤ 箍筋在叠合处的弯钩,在梁中应交错绑扎。

⑥ 梁端第一个箍筋应设置在距离柱边缘 50mm 处。梁端与柱交接处的箍筋应加密,其间距与加密区长度均要符合设计要求。

图 8-15 梁钢筋套扣法绑扎

⑦ 在主、次梁受力筋下均应放置垫块(或塑料卡),保证保护层的厚度。受力筋为双排时,可用短钢筋垫在两层钢筋之间,钢筋排距应符合设计要求。

⑧ 梁受力筋直径等于或大于 22mm 时,宜采用焊接接头;小于 22mm 时,可采用绑扎接头,搭接长度要符合规范要求。

五、板钢筋绑扎

（1）工艺流程　清理模板→模板上弹出钢筋线→绑板下部受力筋→绑上层负弯矩筋。

（2）施工要点

① 清理模板上面的杂物，用粉笔在模板上画好主筋、分布筋间距。

② 按画好的间距先摆放受力筋，后摆放分布筋。预埋件、电线管、预留孔等及时配合安装。

③ 在现浇板中有板带梁时，应先绑板带梁钢筋，再摆放板钢筋。

④ 绑扎板钢筋时一般用顺扣（见图8-16）或八字扣。除外围两根钢筋的相交点应全部绑扎外，其余各点可交错绑扎（双向板相交点需全部绑扎）。如板为双层筋，则两层钢筋之间需加钢筋马凳，以确保上部筋的位置。负弯矩筋每个交叉点均要绑扎。

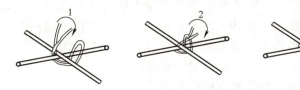

图8-16　板钢筋绑扎（顺扣）

⑤ 在钢筋的下面垫好砂浆垫块，垫块的厚度等于保护层厚度。

六、楼梯钢筋绑扎

（1）工艺流程　铺设楼梯底模→画位置线→绑平台梁主筋→绑踏步板及平台板主筋→绑分布筋→绑踏步筋→安装踏步板侧模→验收→浇筑混凝土。

（2）施工要点

① 在楼梯底板画主筋和分布筋的位置线。

② 根据设计图纸中主筋和分布筋的方向，先绑扎主筋，后绑扎分布筋，每个交点均应绑扎；当有楼梯梁时，先绑梁后绑板筋。

③ 底板筋绑完，待踏步板吊绑好后，再绑踏步筋。主筋接头数量和位置均要符合设计和规范要求。

8.3　质量验收

8.3.1　一般规定

1）浇筑混凝土之前，应进行钢筋隐蔽工程验收。隐蔽工程验收应包括下列主要内容：

① 受力纵筋的牌号、规格、数量、位置。

② 钢筋的连接方式、接头位置、接头质量、接头面积百分率、搭接长度、锚固方式及锚固长度。

③ 箍筋、横向钢筋的牌号、规格、数量、间距、位置，箍筋弯钩的弯折角度及平直段长度。

④ 预埋件的规格、数量和位置。

2）钢筋、成型钢筋进场检验，当满足下列条件之一时，其检验批容量可扩大一倍：

① 获得认证的钢筋、成型钢筋。
② 同一厂家、同一牌号、同一规格的钢筋，连续 3 批均一次检验合格。
③ 同一厂家、同一类型、同一钢筋来源的成型钢筋，连续 3 批均一次检验合格。

8.3.2　材料质量验收

一、主控项目

1）钢筋进场时，应按国家现行标准《钢筋混凝土用钢　第 1 部分：热轧光圆钢筋》（GB/T 1499.1—2017）、《钢筋混凝土用钢　第 2 部分：热轧带肋钢筋》（GB/T 1499.2—2018）、《钢筋混凝土用余热处理钢筋》（GB 13014—2013）、《钢筋混凝土用钢　第 3 部分：钢筋焊接网》（GB/T 1499.3—2010）、《冷轧带肋钢筋》（GB/T 13788—2017）、《抗震热轧 H 型钢》（YB/T 4620—2017）、《冷轧带肋钢筋混凝土结构技术规程》（JGJ 95—2011）与《冷拔低碳钢丝应用技术规程》（JGJ 19—2010）的规定抽取试件，做屈服强度、抗拉强度、伸长率、弯曲性能和重量偏差检验，检验结果应符合相关标准的规定。

检验数量：按进场批次和产品的抽样检验方案确定。

检验方法：检查质量证明文件和抽样检验报告。

2）成型钢筋进场时，应抽取试件做屈服强度、抗拉强度、伸长率和重量偏差检验，检验结果应符合国家现行相关标准的规定。

对由热轧钢筋制成的成型钢筋，当有施工单位或监理单位的代表驻厂监督生产过程，并提供原材钢筋力学性能第三方检验报告时，可仅进行重量偏差检验。

检验数量：同一厂家、同一类型、同一钢筋来源的成型钢筋，不超过 30t 为一批，每批中每种钢筋牌号、规格均应至少抽取 1 个钢筋试件，总数不应少于 3 个。

检验方法：检查质量证明文件和抽样检验报告。

3）对按一、二、三级抗震等级设计的框架和斜撑构件（含梯段）中的纵向受力普通钢筋，应采用 HRB335E、HRB400E、HRB500E、HRBF335E、HRBF400E 或 HRBF500E 钢筋，其强度和最大力下总伸长率的实测值应符合下列规定：

① 抗拉强度实测值与屈服强度实测值的比值不应小于 1.25。
② 屈服强度实测值与屈服强度标准值的比值不应大于 1.30。
③ 最大力下总伸长率不应小于 9%。

检验数量：按进场的批次和产品的抽样检验方案确定。

检验方法：检查抽样检验报告。

二、一般项目

1）钢筋应平直、无损伤，表面不得有裂纹、油污、颗粒状或片状老锈。

检验数量：全数检验。

检验方法：观察。

2）成型钢筋的外观质量和尺寸偏差应符合国家现行相关标准的规定。

检验数量：同一厂家、同一类型的成型钢筋，不超过 30t 为一批，每批随机抽取 3 个成型钢筋试件。

检验方法：观察、尺量。

3）钢筋机械连接套筒、钢筋锚固板以及预埋件等的外观质量应符合国家现行相关标准的规定。

检验数量：按国家现行相关标准的规定确定。

检验方法：检查产品质量证明文件；观察、尺量。

8.3.3 钢筋加工质量验收

一、主控项目

1）钢筋弯折的弯弧内直径应符合下列规定：

① 对光圆钢筋，不应小于钢筋直径的2.5倍。

② 对335MPa级、400MPa级带肋钢筋，不应小于钢筋直径的4倍。

③ 对500MPa级带肋钢筋，当直径为28mm以下时，不应小于钢筋直径的6倍；当直径为28mm及以上时，不应小于钢筋直径的7倍。

④ 箍筋弯折处的弯弧内直径不应小于受力纵筋的直径。

检验数量：按每工作班同一类型钢筋、同一加工设备抽查，不应少于3件。

检验方法：尺量。

2）受力纵筋的弯折后平直段长度应符合设计要求。光圆钢筋末端做180°弯钩时，弯钩的平直段长度不应小于钢筋直径的3倍。

检验数量：按每工作班同一类型钢筋、同一加工设备抽查，不应少于3件。

检验方法：尺量。

3）箍筋、拉筋的末端应按设计要求做弯钩，并应符合下列规定：

① 对一般结构构件，箍筋弯钩的弯折角度不应小于90°，弯折后平直段长度不应小于箍筋直径的5倍；对有抗震设防要求，或设计有专门要求的结构构件，箍筋弯钩的弯折角度不应小于135°，弯折后平直段长度不应小于箍筋直径的10倍。

② 圆形箍筋的搭接长度不应小于其受拉锚固长度，且两末端弯钩的弯折角度不应小于135°；弯折后平直段长度对一般结构构件不应小于箍筋直径的5倍，对有抗震设防要求的结构构件不应小于箍筋直径的10倍。

③ 梁、柱复合箍筋中的单肢箍筋两端弯钩的弯折角度均不应小于135°，弯折后平直段长度应符合第①条对箍筋的有关规定。

检验数量：按每工作班同一类型钢筋、同一加工设备抽查，不应少于3件。

检验方法：尺量。

4）盘卷钢筋调直后应进行力学性能和重量偏差的检验，其强度应符合国家现行有关标准的规定，其断后伸长率、重量偏差应符合表8-1的规定。力学性能和重量偏差检验应符合下列规定：

① 先对3个试件进行重量偏差检验，再取其中2个试件进行力学性能检验。

② 重量偏差的计算公式为

$$\Delta = \frac{W_d - W_o}{W_o} \times 100\%$$

式中　Δ——重量偏差（%）；

　　　W_d——3个调直钢筋试件的实际重量之和（kg）；

　　　W_o——钢筋理论重量（kg），取每米理论重量（kg/m）与3个调直钢筋试件长度之和（m）的乘积。

③ 检验重量偏差时，试件切口应平滑，并与长度方向垂直，其长度不应小于500mm；长度和重量的测量精度分别不应低于1mm和1g。

采用无延伸功能的机械设备调直的钢筋，可不进行本条规定的检验。

表8-1 盘卷钢筋调直后的断后伸长率、重量偏差要求

钢筋牌号	断后伸长率 A（%）	重量偏差（%）	
		直径6~12mm	直径14~16mm
HPB300	≥21	≥-10	—
HRB335、HRBF335	≥16	≥-8	≥-6
HRB400、HRBF400	≥15		
RRB400	≥13		
HRB500、HRBF500	≥14		

注：断后伸长率A的测量标距为钢筋直径的5倍。

检验数量：同一加工设备、同一牌号、同一规格的调直钢筋，重量不大于30t为一批，每批见证抽取3个试件。

检验方法：检查抽样检验报告。

二、一般项目

钢筋加工的形状、尺寸应符合设计要求，其偏差应符合表8-2的规定。

检验数量：按每工作班同一类型钢筋、同一加工设备抽查，不应少于3件。

检验方法：尺量。

表8-2 钢筋加工的允许偏差

项目	允许偏差/mm
受力筋沿长度方向的净尺寸	±10
弯起钢筋的弯折位置	±20
箍筋外廓尺寸	±5

8.3.4 钢筋连接质量验收

一、主控项目

1) 钢筋的连接方式应符合设计要求。

检验数量：全数检验。

检验方法：观察。

2) 钢筋采用机械连接或焊接连接时，机械连接接头、焊接接头的力学性能、弯曲性能应符合国家现行相关标准的规定。接头试件应从工程实体中截取。

检验数量：按现行行业标准《钢筋机械连接技术规程》（JGJ 107—2016）和《钢筋焊接及验收规程》（JGJ 18—2012）的规定确定。

检验方法：检查质量证明文件和抽样检验报告。

3) 螺纹接头应检验拧紧扭矩值，挤压接头应测量压痕直径，检验结果应符合JGJ 107—2016的相关规定。

检验数量：按JGJ 107—2016的规定确定。

检验方法：采用专用力矩扳手或专用量规检验。

二、一般项目

1）钢筋接头的位置应符合设计和施工方案要求。有抗震设防要求的结构中，梁端、柱端箍筋加密区范围内不应进行钢筋搭接。接头末端至钢筋弯起点的距离不应小于钢筋直径的10倍。

检验数量：全数检验。

检验方法：观察、尺量。

2）钢筋机械连接接头、焊接接头的外观质量应符合 JGJ 107—2016 和 JGJ 18—2012 的规定。

检验数量：按 JGJ 107—2016 和 JGJ 18—2012 的规定确定。

检验方法：观察、尺量。

3）当受力纵筋采用机械连接接头或焊接接头时，同一连接区段内，受力纵筋的接头面积百分率应符合设计要求。当设计无具体要求时，应符合下列规定：

① 对受拉接头，不宜大于 50%；对受压接头，可不受限制。

② 直接承受动力荷载的结构构件中，不宜采用焊接；当采用机械连接时，不应超过 50%。

检验数量：在同一检验批内，对梁、柱和独立基础，应抽查构件数量的 10%，且不应少于 3 件；对墙和板，应按有代表性的自然间抽查 10%，且不应少于 3 间；对大空间结构，墙可按相邻轴线间高度 5m 左右划分检查面，板可按纵横轴线划分检查面，抽查 10%，且均不应少于 3 面。

检验方法：观察、尺量。

【小提示】① 接头连接区段是指长度为 35d 且不小于 500mm 的区段，d 为相互连接的两根钢筋的直径较小值。

② 同一连接区段内，受力纵筋的接头面积百分率为接头中点位于该连接区段内的受力纵筋截面面积与全部受力纵筋截面面积的比值。

4）当受力纵筋采用绑扎搭接接头时，接头的设置应符合下列规定：

① 接头的横向净间距不应小于钢筋直径，且不应小于 25mm。

② 同一连接区段内，受拉纵筋的接头面积百分率应符合设计要求。当设计无具体要求时，应符合下列规定：

a. 对梁类、板类及墙类构件，不宜超过 25%；对基础筏板，不宜超过 50%。

b. 对柱类构件，不宜超过 50%。

c. 当工程中确有必要增大接头面积百分率时，对梁类构件，不应大于 50%。

检验数量：在同一检验批内，对梁、柱和独立基础，应抽查构件数量的 10%，且不应少于 3 件；对墙和板，应按有代表性的自然间抽查 10%，且不应少于 3 间；对大空间结构，墙可按相邻轴线间高度 5m 左右划分检查面，板可按纵横轴线划分检查面，抽查 10%，且均不应少于 3 面。

检验方法：观察、尺量。

【小提示】① 接头连接区段是指长度为搭接长度的 1.3 倍的区段。搭接长度取相互连接的两根钢筋的较小直径值。

② 同一连接区段内，受力纵筋的接头面积百分率为接头中点位于该连接区段长度内的受力纵筋截面面积与全部受力纵筋截面面积的比值。

5）梁、柱类构件的受力纵筋搭接长度范围内，箍筋的设置应符合设计要求。当设计无具体要求时，应符合下列规定：

① 箍筋直径不应小于搭接钢筋较大直径的1/4。

② 受拉搭接区段的箍筋间距不应大于搭接钢筋较小直径的5倍，且不应大于100mm。

③ 受压搭接区段的箍筋间距不应大于搭接钢筋较小直径的10倍，且不应大于200mm。

④ 当柱中受力纵筋直径大于25mm时，应在搭接接头两个端面外100mm范围内各设置两个箍筋，其间距宜为50mm。

检验数量：在同一检验批内，应抽查构件数量的10%，且不应少于3件。

检验方法：观察、尺量。

8.3.5 钢筋安装质量验收

一、主控项目

1）钢筋安装时，受力钢筋的牌号、规格和数量必须符合设计要求。

检验数量：全数检验。

检验方法：观察、尺量。

2）受力筋的安装位置、锚固方式应符合设计要求。

检验数量：全数检验。

检验方法：观察、尺量。

二、一般项目

钢筋安装的允许偏差及检验方法应符合表8-3的规定。

梁、板类构件上部受力筋保护层厚度的合格率应达到90%及以上，且不得有超过表中数值1.5倍的尺寸检查。

检验数量：在同一检验批内，对梁、柱和独立基础，应抽查构件数量的10%，且不少于3件；对墙和板，应按有代表性的自然间抽查10%，且不少于3间；对大空间结构，墙可按相邻轴线间高度5m左右划分检查面，板可按纵横轴线划分检查面，抽查10%，且均不少于3面。

表8-3 钢筋安装的允许偏差和检验方法

项目		允许偏差/mm	检验方法
绑扎钢筋网	长、宽	±10	尺量
	网眼尺寸	±20	尺量连续3档，取最大偏差值
绑扎钢筋骨架	长	±10	尺量
	宽、高	±5	尺量
受力纵筋	锚固长度	-20	尺量
	间距	±10	尺量两端、中间各一点，取最大偏差值
	排距	±5	

（续）

项　目		允许偏差/mm	检验方法
受力纵筋、箍筋的混凝土保护层厚度	基础	±10	尺量
	柱、梁	±5	尺量
	板、墙、壳	±3	尺量
绑扎箍筋、横向钢筋间距		±20	尺量连续3档，取最大偏差值
钢筋弯起点位置		20	尺量，沿纵、横两个方向测量，并取其中偏差的较大值
预埋件	中心线位置	5	尺量
	水平高差	+3，0	塞尺测量

本章练习题

1. 钢筋常用的除锈方法有哪些？
2. 柱钢筋绑扎的施工流程是什么？
3. 梁钢筋绑扎的施工流程是什么？

参 考 文 献

[1] 中国建筑标准设计研究院. 混凝土结构施工图平面整体表示方法制图规则和构造详图（现浇混凝土框架、剪力墙、梁、板）：16G101—1［S］. 北京：中国计划出版社，2016.
[2] 中国建筑标准设计研究院. 混凝土结构施工图平面整体表示方法制图规则和构造详图（现浇混凝土板式楼梯）：16G101—2［S］. 北京：中国计划出版社，2016.
[3] 中国建筑标准设计研究院. 混凝土结构施工图平面整体表示方法制图规则和构造详图（独立基础、条形基础、筏形基础、桩基础）：16G101—3［S］. 北京：中国计划出版社，2016.
[4] 中国建筑标准设计研究院. 混凝土结构施工钢筋排布规则与构造详图（现浇混凝土框架、剪力墙、梁、板）：18G901—1［S］. 北京：中国计划出版社，2018.
[5] 中国建筑科学研究院. 混凝土结构工程施工质量验收规范：GB 50204—2015［S］. 北京：中国建筑工业出版社，2015.
[6] 中华人民共和国住房和城乡建设部. 混凝土结构设计规范（2015年版）：GB 50010—2010［S］. 北京：中国建筑工业出版社，2016.
[7] 上官子昌. 钢筋翻样方法与技巧［M］.2版. 北京：化学工业出版社，2017.
[8] 李守巨. 例解钢筋翻样方法［M］. 北京：知识产权出版社，2016.
[9] 魏文彪. 钢筋工程实例教程：平法钢筋识图与算量实例教程［M］. 武汉：华中科技大学出版社，2017.